新三导丛书

电子技术基础(数字部分)
导教·导学·导考

(高教·第五版)

主编　刘　岩　　王　凯
编者　李　琪　　赵　媛　　杨晶晶
　　　刘延飞　　郭　峰

西北工业大学出版社

图书在版编目（CIP）数据

电子技术基础（数字部分）导教·导学·导考/刘岩主编. —西安:西北工业大学出版社，2014.8

（新三导丛书）

ISBN 978 - 7 - 5612 - 4104 - 2

Ⅰ.①电… Ⅱ.①刘… Ⅲ.①数字电路—电子技术—高等学校—教学参考资料 Ⅳ.①TN79

中国版本图书馆 CIP 数据核字（2014）第 190734 号

出版发行：西北工业大学出版社
通信地址：西安市友谊西路 127 号　　邮编：710072
电　　话：(029)88493844　88491757
网　　址：http://www.nwpup.com
印 刷 者：兴平市博闻印务有限公司
开　　本：787 mm×1 092 mm　　1/16
印　　张：10.125
字　　数：299 千字
版　　次：2014 年 8 月第 1 版　　2014 年 8 月第 1 次印刷
定　　价：22.00 元

前　言

　　"数字电子技术"是一门重要的技术基础课,在课程中主要讲授数字电路的基本组成单元——逻辑门和触发器,数字电路的分析方法和设计方法,若干典型数字电路部件的组成、工作原理及应用,主要研究各种逻辑门电路、集成器件的功能及其应用。这门课程的特点是知识点比较零散,掌握起来灵活性较高,主要的是培养学生解决问题的能力。为了给学生学习提供帮助,同时为年轻教师备课提供帮助和参考,我们编写了与高等教育出版社出版的,由康华光主编的《电子技术基础数字部分(第五版)》教材相配套的新三导丛书。

　　本书与《电子技术基础数字部分(第五版)》教材相配套,按照该教材的内容和次序,逐章编写。每章均分以下5个部分:

　　(1)教学建议。这一部分主要针对每章内容的总体把握提供建议。也就是通过这章的学习要让学生把握到什么程度,在教学安排上给出建议。

　　(2)主要概念。这一部分列出了教材各个章节的主要内容要点,以及内容的重点及难点,梳理教学内容中的基本概念、电路和方法,有针对性地总结教学中的内容重点和难点。

　　(3)例题。这一部分给出典型例题,详细讲述解题思路和解题方法,通过对典型例题的分析,增加举例的针对性,对如何合理地选择例题,给备课提供帮助。

　　(4)参考用PPT。这一部分列举出每一章的一些典型的PPT课件,通过具体的例子展示课件的制作和安排布局,为备课提供参考。

　　(5)习题精选详解。这一部分主要针对教材的课后习题,比较详细地给出了大部分课后题的分析、求解过程和答案。

　　本书的最后还给出了三套完整的测试试卷和答案,方便学生对学习效果进行测试。

　　在本书的编写中,笔者总结了多年的教学经验,所有参编人员都具有十年以上的教学经验,还参考了若干现有的教材和参考书,得到很多启发,在此不一一指明,特此致谢。

　　限于水平,书中疏漏和不妥之处在所难免,恳请读者批评指正。

编　者

2014 年 7 月

前　言

导　读

　　"数字电子技术"是高等本科学历教育电类专业一门必选专业基础课程。该课程是以电路分析方法、模拟电子技术、电子器件为基础,综合利用布尔代数理论解决数字电路的分析、设计问题的工程技术科学;是电子综合课程设计、计算机硬件基础、电子测量等课程的先导课程。该课程对培养学生掌握数字电子技术基本理论,熟悉一般数字电路工作原理,从事电子电路设计与研究具有重要作用。

　　该课程具有很强的理论性、工程性和实践性。近年来电子技术、电子信息和计算机技术发展十分迅速,如何提高该课程的教学效果是摆在相关教师面前的重要课题。作为本书的绪言,笔者结合自己的教学实践,就如何教好和学好该课程提出以下几点看法。

一、怎么教好这门课

1.讲授好第一节课

　　第一节课主要解决以下几个问题:①这门课承上启下所处的课程位置和地位;②这门课的学习方法;③课堂纪律。把这三方面准备好,在心里酝酿成熟,注意措词,讲出来有条理,使学生从一开始就重视数字电子技术基础这门课,给学生一个深刻的印象,有一个良好的开端。

2.认真备好每一节课内容,处理好每个细节

　　教师应该重视备课,把一节课的内容搞透,什么内容用什么教法必须做得恰如其分。如讲组合电路分析这章,重点是分析电路功能、学会电路的分析方法,按照分析、设计方法和器件两条线索构建课堂教学内容。如在讲授触发器这章时,必须弄清概念,明确触发器的结构,触发器的功能。讲结构时要用门电路的内容,在讲门电路时就应做好准备,提前交待清楚。这样要求熟记电路、分析电路才能做到游刃有余,把难点分散淡化处理,使学生在轻松愉快中学会知识。在课堂上化难为易,突出重点,这是讲课教法的灵魂,也体现了教师的水平。

3.良好的课堂气氛

　　整个课堂始终要有良好的气氛,用熟练的讲解、精辟的分析体现水平,吸引学生的注意力。用活泼、生动的语言和有趣的现象引起学生兴趣。课堂上应充分发挥教师的主导作用,搭建这次课的框架,了解这堂课的内容。启发式教学贯穿始终,能发挥学生的主观能动性,培养学生主动思考的习惯。

4.用科研实践提高教学质量

　　通过科研可以增添教师的"一桶水"。过去人们通常用"要给学生一碗水,自己要有一桶水"来形容对教师知识容量的要求,通过电子设计、电子制作经验的积累,科研中的知识不断创新、丰富,不但可以增添教师自己的"一桶水",而且教师会带给学生源源不断而且鲜活的"水"。对于培养学生的创新精神来说,最可贵的是教师的创新经历和经验。通过科研攻关产生创新

点,获得了新知识、新技术和新方法,将新知识、新技术带进课堂,这将有利于克服教材与工程实际相脱节的问题,有利于改变照本宣科的落后教学方式,有利于超越只能重复别人已有知识的教学水平。科研实践可以丰富课堂内容,活跃课堂气氛,从而提高教学质量。在电子技术课程课堂上,讲得最生动、最精彩,内容最丰富、体会最深刻,让学生收获颇丰的,最受学生欢迎的,往往都是电子设计、制作科研经历丰富的教师。有时,教师会抱怨学生上课注意力不集中,往往是因为教学内容不够精彩,学生们觉得内容枯燥乏味,其主要原因往往是教师只会照本宣科、讲别人的东西。对教师而言,从教材获得的知识和科研实践所体会、研究出的知识是分属不同的质量和层次的,特别是对电子设计、制作而言,有些知识、技巧、经验是从教材无法获得的,由此而导致了教学内容的深浅、教学水平的高低。科研做得好的教师,将科研的成果与体会引入课堂,直接贡献给学生,实现教学水平和效果的提高;再一方面将科研经验积累于自身,实现自己学术水平和实践经验的提高。做高水平、高质量的科学研究是成为一个优秀教师的必要条件。

5.采用先进的教学手段

为提高学生学习电子技术课程的积极性,加强学生的自学能力,我们尝试制作了一套多媒体教学软件。该课件通过文字、图像、声音和动画等形式,使教学形式更加多样化、现代化。按照学习进程,设置了重点内容、分章练习、模拟实验和综合测试等部分,图文并茂,灵活多样,大大提高了学生学习的兴趣,取得了令人满息的效果。在课堂教学中,我们还采用了录像、幻灯、投影仪等电化教学手段,大大增加了教学信息量,丰富了教学内容。

二、怎么学好这门课

怎么学好这门课呢?从学生的角度出发,笔者认为应考虑以下几点。

1.理清课程脉络,理清各章在课程中的作用

图0.1所示为数字电子技术教学内容整体框架。

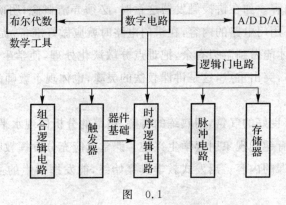

图　0.1

从课程内容体系可知,布尔代数和逻辑门电路是本课程的基础,其中布尔代数为其他章节的学习提供数学基础,也为电路分析和设计方法提供理论支撑。逻辑门电路为数字电路提供最基本的硬件支撑。数字电路从逻辑功能上可分为组合逻辑电路和时序逻辑电路,这两部分内容为本课程的核心,主要掌握器件的原理和应用,重点在于应用。由此形成了课程的教学学

习设计思路,以逻辑代数、门电路、触发器为基础,以组合逻辑和时序逻辑电路的分析、设计方法为主线,以常用功能器件为重点,兼顾脉冲电路和数模、模数转换电路内容,注意理论与实践关系。只有理清整体框架和章节作用,才能明白学习,避免出现稀里糊涂学习,考前只记考点和习题,考时脑子一片空白。

2. 学为用,平时多用多练习

本课程理论性、实践性都很强,所有器件的学习都是为了工程中的"用",在用中会自然掌握知识。应抓住每次实验机会,体验实践过程。实验中多思考,联系课堂所学内容,达到知识的融会贯通。目前电路的仿真软件很多,如 Multisim 比较常用。该软件提供了丰富的元器件,可根据自己的需求搭建电路并进行仿真,效果较好。如果实践机会不是很多,可利用该软件进行仿真,也可达到事半功倍的效果。

3. 积极参加各种工程实践和学科竞赛

工程实践较强的课程最终都要落在"用"上,只有多用多练才能将知识变为自己的,才能成为能力和技能。学生可通过以下几个方法参加实践:①加入教师的科研团队。进入教师的科研团队,参加其中某项课题,从开始跟着做到后来能够独立承担一部分内容。②参加学科竞赛。例如电子设计大赛、机器人比赛、智能汽车大赛等,参加这些实践活动对于学生掌握电子技术知识、方法,提高创新能力都具有很大帮助。③凭着兴趣甚至乐趣主动学习,功夫下在课外。对于我校的学生还可以进入开放实验室,通过综合性、设计型实验开展研究。另外申请学校支持学生的科研创新基金,自选项目进行研究与实践。这些方式不但对于数字电子技术课程的学习有很大帮助,对于其他课程的学习也可借鉴。参加这些科研活动,对于培养学生的科研能力,能够收到课堂教学无法达到的效果。一是学习主动性强。学生自愿选择、主动参加,具有内在的积极性,又符合自己的兴趣和特长。学生们一旦深入到课题,可以进入到"痴迷"的状态,会把全部的课外时间和精力都投入进来。这种状态下所释放出的潜力和创造力,所获得的收获和提高,是课堂学习无法比拟的。二是学习效率高。学生在电子设计制作、科研活动中,带着问题查阅资料、学习知识,为用而学,学了就用,有可能花三天时间学完一个学期要学的课程。这与那种"上课不用心,课后不复习,考前紧突击,考后就忘记"的现象形成鲜明的反差。

电子技术的飞速发展为"数字电子技术基础"课程的教学带来了极大的挑战,也带来了很大的机遇。只要教师认真研究教学内容,不断改进教学方法,理论联系实际,引进先进教学手段,采用学生乐于接受的教学形式,就能取得理想的教学效果。学生也要采取适合自己的学习方法,平时要勤学习,多思考,把学到的知识运用到实践中,一定能取得较好的成绩。

目　　录

第1章 数字逻辑概述

1.1 教学建议

(1)在本章的教学中,首先让学生建立起数字信号和数字电路的概念,了解数字信号和模拟信号之间的区别,衡量数字信号的常用参数,数字电路自身的特点、优越性以及和模拟电路之间的区别,帮助学生建立数字系统概念。

(2)在数制和编码内容中,要求学生掌握常用的几种数制和它们之间相互转换的方法,了解常用的几种编码各自的特点,了解逻辑运算和算术运算概念的区别。

(3)在逻辑运算及表示方法的教学中,要求学生掌握各种常见逻辑运算的含义、表示方法和不同表示方法之间的相互转换。

1.2 主要概念

一、内容要点精讲

1. 数字电路和模拟电路

传递与处理数字信号的电子电路称为数字电路。数字电路与模拟电路相比主要有下列优点:

(1)由于数字电路是以二值数字逻辑为基础的,易于用电路来实现,比如可用二极管、三极管的导通与截止这两个对立的状态来表示数字信号的逻辑 0 和逻辑 1。

(2)由数字电路组成的数字系统工作可靠,精度较高,抗干扰能力强。它可以通过整形很方便地去除叠加于传输信号上的噪声与干扰,还可利用差错控制技术对传输信号进行查错和纠错。

(3)数字电路不仅能完成数值运算,而且能进行逻辑判断和运算,这在控制系统中是不可缺少的。

(4)数字信息便于长期保存,比如可将数字信息存入磁盘、光盘等长期保存。

(5)数字集成电路产品系列多、通用性强、成本低。

由于具有一系列优点,数字电路在电子设备或电子系统中得到了越来越广泛的应用,计算机、计算器、电视机、音响系统、视频记录设备、光碟、长途电信及卫星系统等,无一不采用了数字系统。

2. BCD 码的概念

BCD 码的英文是 Binary Coded Decimal,意即"被二进制编码的十进制数",也就是说它的本质是表示十进制数的,但是具有二进制的编码形式。因此它的有效编码只有从 0 到 9 共 10 个编码。

要用二进制代码来表示十进制的 0~9 十个数,至少要用 4 位二进制数。4 位二进制数有 16 种组合,可从这 16 种组合中选择 10 种组合分别来表示十进制的 0~9 十个数。选哪 10 种组合,有多种方案,这就形成了不同的 BCD 码。

在学习时,学生经常会将 BCD 码和二进制数弄混淆,求编码对应的十进制数时,会按照二进制数的按权展开求和进行计算。

例如:$(10010111)_{8421BCD}$ 表示的十进制数是多少?

很多同学会这样计算：原式 $=2^7+2^4+2^2+2^1+2^0=151$

以上算法是错误的，因为把编码当做二进制数处理了。正确的做法是将每四位编码对应的十进制数写出即可。因此该编码表示的十进制数是 97。

注意，BCD 码用 4 位二进制码表示的只是十进制数的 1 位。如果是多位十进制数，应先将每一位用 BCD 码表示，然后组合起来。

3.格雷码

格雷码（Gray）是一种常用的无权码，其编码如表 1.1 所示。

表 1.1 格雷码

十进制数	$G_3\ G_2\ G_1\ G_0$	十进制数	$G_3\ G_2\ G_1\ G_0$
0	0 0 0 0	8	1 1 0 0
1	0 0 0 1	9	1 1 0 1
2	0 0 1 1	10	1 1 1 1
3	0 0 1 0	11	1 1 1 0
4	0 1 1 0	12	1 0 1 0
5	0 1 1 1	13	1 0 1 1
6	0 1 0 1	14	1 0 0 1
7	0 1 0 0	15	1 0 0 0

这种码看似无规律，其实它是按照"相邻性"编码的，即相邻两个编码之间只有一位不同。格雷码常用于模拟量向数字量的转换中。当模拟量发生微小变化而可能引起数字量发生变化时，格雷码仅改变 1 位，出错的概率小，可靠性高。这样与其他类型的编码同时改变两位或多位的情况相比更为可靠，可减少出错的可能性。

可用如图 1.1 所示的四变量卡诺图（在第 3 章介绍）帮助记忆格雷码的编码方式。

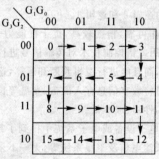

图 1.1 四变量卡诺图

4.原码、反码、补码

数值在计算机中表示形式为机器数，使用的是二进制。数值有正负之分，计算机就用一个数的最高位存放符号（0 为正，1 为负），这就是机器数的原码。以字长 8 位为例。

例如 $(+7)_{原码}=0\ 0000111$　　$(-7)_{原码}=1\ 0000111$

计算机的 CPU 的运算器中只有加法器，减法是转换为加法来进行的。用原码做减法运算时会出现问题，分为以下两种情况讨论：

情况 1：两数相减结果为正数。如：$7-5=2$。

用原码进行运算：$7-5=7+(-5)=00000111+10000101=10001100$，是$-12$的原码，可见结果出现错误。

情况 2：两数相减结果为负数。如：$7-9=-2$

用原码进行运算：$7-9=7+(-9)=00000111+10001001=10010000$，是$-32$的原码，可见结果出现错误。

引入反码和补码的目的就是为了解决减法问题。对于带符号数来说，任何正数的原码、反码和补码是相同的，即都是自身不变。而负数的反码是除符号位外，其余各位取反。负数的补码是反码加 1。

例：$(+7)_{原码}=(+7)_{反码}=(+7)_{补码}=0\ 0000111$

$(-7)_{原码}=1\ 0000111$

$(-7)_{反码}=1\ 1111000$

$(-7)_{补码}=1\ 1111001$

用补码再进行上面做过的减法运算：

例：$7-5=2$，用补码进行运算：

$$7-5=7+(-5)=0\ 0000111+1\ 1111011=1\ 00000010$$

字长为 8 位的系统，最高位溢出，得到结果是 00000010，是 2 的补码，结果正确。

例：$7-9=-2$，用补码进行运算：

$$7-9=7+(-9)=0\ 0000111+1\ 1110111=1\ 1111110$$

是-2的补码。

（注：已知一个负数的补码，求这个负数的大小，其方法是将数值位取反加 1，求得的数即是该负数的绝对值。）

下面讨论补码表示数的范围。8 位二进制数补码表示有符号的整数，所能表示的十进制数范围是多少呢？

当符号位是 0 时，也就是 8 位二进制数补码为 0 0000000～0 1111111，因为正数的补码和原码是相同的，所以表示 0～127。

当符号位是 1 时，也就是 8 位二进制数补码为 1 0000000～1 1111111，此时表示负数，其绝对值为补码的数值位取反加 1。例如：

1 0000000 数值位取反是 1111111，再加 1，为 10000000，即 128，考虑符号位为-128。

1 1111111 数值位取反是 0000000，再加 1，为 0000001，即 1，考虑符号位为-1，

故 8 位二进制数补码的 1 0000000～1 1111111，表示$-128\sim-1$。因此 8 位二进制数补码表示$-128\sim127$。

综上，补码的设计目的是：

(1)使符号位能与有效值部分一起参加运算，从而简化运算规则。

(2)将减法运算转换为加法运算，进一步简化计算机中运算器的线路设计，所有这些转换都是在计算机的最底层进行的。

5.算术运算与逻辑运算

在数字系统中，二进制数码 0 和 1，既可以用来表示数量信息也可以用来表示逻辑信息，相应的运算分别称为算术运算和逻辑运算。

当两组二进制数码表示两个数量时，它们之间进行的是算术运算，即我们熟悉的"加减乘除"，其运算规则和十进制数的运算规则基本相同。做算术运算时，1 和 0 表示的是两个不同的数值，此时 $1+1=10,1-1=0$。

当 0 和 1 表示两个不同的逻辑状态时，它们之间的运算叫做逻辑运算，和算术运算有着本质的不同，是逻辑代数所特有的一种运算，最基本的逻辑运算是"与、或、非"，此时：$1+1=1$，在这里"＋"表示逻辑"或"。逻辑运算中没有减法和除法。

为了让大家更好地区别这两个不同的概念，举例如下：

例如：在下列逻辑运算中，哪个是正确的，哪个是错误的，为什么？

(1)若 $A+B=A+C$，则 $B=C$。

解：这个逻辑运算是错误的，相当于等式两边同时消去了 A，相当于在逻辑运算中引入了减法。而逻辑运算中是没有减法的。

也可以用反例法证明：我们知道 $1+1=1+0$，如果两边同时消去 1，则得到 $1=0$，明显是错误的。

(2)若 $XY=YZ$，则 $X=Z$。

解：这个逻辑运算也是错误的，也可以用反例法证明。假设运算成立，因为 $1*0=0*0$，故 $1=0$，很明显是错误的。

二、重点难点

本章的重点是对数字信号和数字电路概念的理解；各种不同进制数之间的相互转换以及常见的 BCD 码；基本逻辑"与，或，非"和常用复合逻辑表达的含义。

由于是数字电路的最基础知识，难点不是很多，在以前的学习中，学生觉得相对难以理解的内容就是有符号数原码、反码及补码的相关内容，可结合微机原理的学习进一步理解掌握，并结合本章课后习题进行巩固。

1.3 例题

1. 二进制转换成十进制

例 1.1 将二进制数 10011.101 转换成十进制数。

解 将每一位二进制数乘以位权，然后相加，可得

$$(10011.101)_B = 1 \times 2^4 + 0 \times 2^3 + 0 \times 2^2 + 1 \times 2^1 + 1 \times 2^0 + 1 \times 2^{-1} + 0 \times 2^{-2} + 1 \times 2^{-3} = (19.625)_D$$

2. 十进制转换成二进制

可用"除 2 取余"法将十进制的整数部分转换成二进制。

例 1.2 将十进制数 23 转换成二进制数。

解 根据"除 2 取余"法的原理，按如下步骤转换：

```
2 | 23  …… 余1  b₀      ↑
2 | 11  …… 余1  b₁      读
2 | 5   …… 余1  b₂      取
2 | 2   …… 余0  b₃      次
2 | 1   …… 余1  b₄      序
    0
```

故：$(23)_D = (10111)_B$。

可用"乘 2 取整"的方法将任何十进制数的纯小数部分转换成二进制数。

3. 二进制转换成十六进制

由于十六进制基数为 16，而 $16=2^4$，因此，4 位二进制数就相当于 1 位十六进制数。因此，可用"4 位分组"法将二进制数化为十六进制数。

例 1.3 将二进制数 1001101.100111 转换成十六进制数

解 $(1001101.100111)_B = (0100\ 1101.1001\ 1100)_B = (4D.9C)_H$。

同理，若将二进制数转换为八进制数，可将二进制数分为 3 位一组，再将每组的 3 位二进制数转换成 1

位八进制数即可。

4.十六进制转换成二进制

由于每位十六进制数对应于 4 位二进制数,因此,十六进制数转换成二进制数只要将每 1 位变成 4 位二进制数,按位的高低依次排列即可。

例 1.4 将十六进制数 6E.3A5 转换成二进制数。

解 $(6E.3A5)_H = (110\ 1110.0011\ 1010\ 0101)_B$

同理,若将八进制数转换为二进制数,只须将每 1 位变成 3 位二进制数,按位的高低依次排列即可。

5.十六进制转换成十进制

可由"按权相加"法将十六进制数转换为十进制数。

例 1.5 将十六进制数 7A.58 转换成十进制数。

解 $(7A.58)_H = 7\times16^1 + 10\times16^0 + 5\times16^{-1} + 8\times16^{-2} =$
$$112 + 10 + 0.3125 + 0.03125 = (122.34375)_D$$

6.用编码表示数

例 1.6 将十进制数 83 分别用 8421BCD 码、5421BCD 码和余三 BCD 码表示。

解 $(83)_D = (1000\ 0011)_{8421\ BCD}$

$(83)_D = (1011\ 0011)_{5421\ BCD}$

$(83)_D = (1011\ 0110)_{余三\ BCD}$

1.4 参考用 PPT

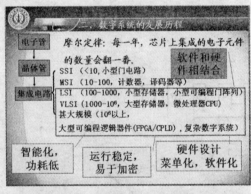
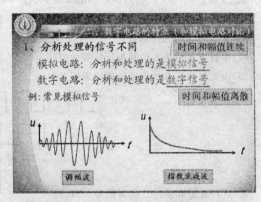
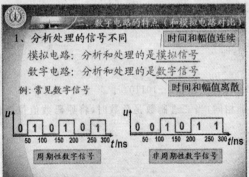
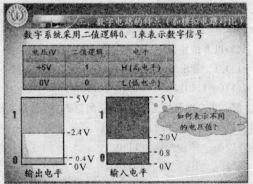

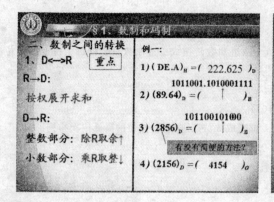

1.5　习题精选详解

1.1.4　一周期性数字波形如图题1.1.4所示，试计算：(1)周期；(2)频率；(3)占空比。

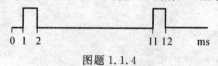

图题1.1.4

解　(1)$T=10\text{ms}$　(2)$f=1/10\text{ms}=0.1\text{kHz}$　(3)$q=1/10=10\%$。

1.2.1　一数字波形如图题1.2.1所示，时钟频率为4kHz，试确定：

(1)它所表示的二进制数；

(2)串行方式传送8位数据所需要的时间；

(3)以8位并行方式传送数据所需要的时间。

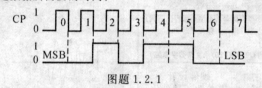

图题1.2.1

解　(1)波形表示的二进制数是：00101100。

(2)每传送1位数据，需要的时间是一个$T_{CP}=1/f_{cp}=0.25\text{ms}$，故串行传送8位数据需要时间是：$0.25\times8=2\text{ms}$。

(3)以8位并行方式传送数据需要的时间是一个T_{CP}，即0.25ms。

1.3.1　写出下列二进制数的原码、反码和补码：

(1)$(+1110)_B$；　　(2)$(+10110)_B$；　　(3)$(-1110)_B$；　　(4)$(-10110)_B$。

解　当二进制数是正数时，它的原码、反码和补码都相同；当二进制数是负数时，将原码数值位逐位求反，得到反码，反码加1，得到补码。

(1)$A_{原}=A_{反}=A_{补}=1110$

(2)$B_{原}=B_{反}=B_{补}=10110$

(3)$C_{原}=1\ 1110$（第一个1为符号位），$C_{反}=1\ 0001$，$C_{补}=1\ 0010$

(4)$D_{原}=1\ 10110$（第一个1为符号位），$D_{反}=1\ 01001$，$D_{补}=1\ 01010$

1.3.2　写出下列有符号二进制补码所表示的十进制数：

(1)0010111； (2)11101000

解 (1)正数的补码和原码相同,故补码 0010111 表示的十进制数是 +23。

(2)由负数的补码求对应的数时,将补码的数值位求反加 1,即可求得对应负数的绝对值。故补码 11101000 表示的负数的绝对值是:数值位 1101000 求反得到 0010111,再加 1 为 0011000,转换为十进制数是 24,加上符号位即为 -24。

1.3.3 试用 8 位二进制补码计算下列各式,并用十进制数表示结果:

(1)12+9； (2)11-3； (3)-29-25； (4)-120+30。

解 (1)12+9 用补码运算是:00001100+00001001=00010101,是 +21 的补码。

(2)11-3 用补码运算是:00001011+11111101=100001000,最高位溢出,得到 00001000,是 +8 的补码。

(3)-29-25 用补码运算是:11100011+11100111=111001010,最高位溢出,得到 11001010,是 -54 的补码。

(4)-120+30 用补码运算是:10001000+00011110=10100110,是 -90 的补码。

第2章 逻辑代数与硬件描述语言

2.1 教学建议

(1)本章是本门课程的数学基础,是分析和设计复杂数字系统的理论依据,为分析和设计电路提供数学工具。

(2)本门课程的数学基础——逻辑代数,介绍基本的逻辑运算,既然是代数就应有运算法则,由于数字系统只有两种状态,所以运算法则有其特殊性,因而介绍这种代数方法的运算法则时,要着重强调其特殊性。

(3)逻辑函数的不同表示方法中,我们知道逻辑函数对应逻辑电路,而逻辑电路涉及应用电路,所以表达式的繁简程度,直接决定电路的繁简,所以要对函数进行化简。其次,实际工程中根据提供器件的不同,要对电路进行变换,从而引出逻辑化简和变换的意义。

(4)代数化简不够直观,是否化到最简,不易判断,所以能不能找到更好更直观的化简方法。由于逻辑变量只有两种状态值,其特殊性就让我们找到解决问题的其他方法,从而引出逻辑函数的卡诺图化简。而卡诺图化简其实就是一种数形结合的思想,用几何办法解决了代数问题。

2.2 主要概念

一、内容要点精讲

1.基本逻辑运算

与、或、非是逻辑运算中的三种基本运算。

与逻辑:只有当决定某一事件的条件全部具备时,这一事件才会发生。这种因果关系称为与逻辑关系。

或逻辑:只要在决定某一事件的各种条件中,有一个或几个条件具备时,这一事件就会发生。这种因果关系称为或逻辑关系。

非逻辑:事件发生的条件具备时,事件不会发生;事件发生的条件不具备时,事件发生。这种因果关系称为非逻辑关系。

2.逻辑代数的基本定理及常用公式

逻辑代数的基本定理及常用公式如表2.1所示。

表 2.1

	与($\cdot$)	或($+$)	非($-$)
基本定理	$A \cdot 0 = 0$	$A + 0 = A$	$\overline{\overline{A}} = A$
	$A \cdot 1 = A$	$A + 1 = 1$	
	$A \cdot A = A$	$A + A = A$	
	$A \cdot \overline{A} = 0$	$A + \overline{A} = 1$	
结合律	$(AB)C = A(BC)$	$(A+B)+C = A+(B+C)$	
交换律	$AB = BA$	$A + B = B + A$	
分配率	$A(B+C) = AB + AC$	$A+(BC) = (A+B)(A+C)$	
反演率	$\overline{A \cdot B \cdot C \cdots} = \overline{A} + \overline{B} + \overline{C} + \cdots$	$\overline{A+B+C\cdots} = \overline{A} \cdot \overline{B} \cdot \overline{C} \cdots$	

3. 逻辑代数的两条重要规则

代入规则:任何一个逻辑等式中,如果将等式两边出现的某变量 A,都用一个函数代替,则等式依然成立。

反演规则:根据摩根定理,由原函数 L 的表达式,求它的非函数 $\overline{L}$ 时,可以将 L 中的与($\cdot$)换成或($+$),或($+$)换成与($\cdot$),再将原变量换成为非变量,非变量换成为原变量,并将 1 换成 0,0 换成 1(注意添加括号不改变原来的运算顺序),那么所得到的逻辑函数式就是 $\overline{L}$。

4. 逻辑函数的化简方法

(1)吸收法。吸收是指吸收多余(冗余)项,多余(冗余)因子被取消、去掉 $\Rightarrow$ 被消化了。

1)原变量吸收:利用 $A + AB = A$(长中含短留下短)。

2)反变量吸收:利用 $A + \overline{A}B = A + B$(长中含反去掉反)。

3)混合变量的吸收:利用 $AB + \overline{A}C + BC = AB + \overline{A}C$(正负相对余全完)。

(2)添项法。利用公式 $A + A = A$,在函数式中重写某一项,以便把函数化简。

(3)配项法。利用公式 $A + \overline{A} = 1$,将某个与项乘以 $(A + \overline{A})$,再将其拆成两项,以便把函数化简。

5. 卡诺图法化简

卡诺图法化简的依据是逻辑相邻的最小项可以合并,并消去互为非的因子。卡诺图具有几何位置相邻与逻辑相邻一致的特点。因而在卡诺图上反复应用 $A + \overline{A} = 1$ 合并最小项,消去变量 A,使逻辑函数得到简化。其整个化简过程可分成如下步骤进行:

(1)将逻辑函数化成最小项之和的形式;

(2)画出表示该逻辑函数的卡诺图;

(3)按照合并规律合并最小项;

(4)写出最简与-或表达式。

6. 具有无关项的逻辑函数化简

在真值表内对应于变量的某些取值下,函数的值可以是任意的,或者这些变量的取值根本不会出现,这些变量取值所对应的最小项称为无关项或任意项。 在含有无关项逻辑函数的卡诺图化简中,它的值可以取 0 或取 1,具体取什么值,可以根据使函数尽量得到简化而定。

二、重点、难点

对逻辑函数进行化简,包含公式法化简和卡诺图法化简,这两种化简方法是这一章的重点,也是难点,对于公式法化简,主要是要熟记定理定律。

对于公式法化简,要注意:

(1)逻辑代数与普通代数的公式易混淆,化简过程要求对所有公式熟练掌握。

(2)代数法化简无一套完善的方法可循,它依赖于人的经验和灵活性。

(3)用这种化简方法技巧强,较难掌握。特别是对代数化简后得到的逻辑表达式是否是最简式的判断有一定困难。

对于卡诺图法化简,要注意:

(1)包围圈内的方格数一定是 2^n 个,且包围圈必须呈矩形。

(2)循环相邻特性包括上下底相邻,左右边相邻和四角相邻。

(3)同一方格可以被不同的包围圈重复包围多次,但新增的包围圈中一定要有原有包围圈未曾包围的方格。

(4)一个包围圈所包含的方格数要尽可能多,包围圈的数目要尽可能少。

2.3　例题

例2.1　化简逻辑函数：$F = AB + A\overline{C} + \overline{B}C + B\overline{C} + \overline{B}D + B\overline{D} + ADE(F+G)$。

分析　拿到题目，不要急于计算，先要观察，此题前两项，如果提出一个A，就有个$B + \overline{C}$，再看题目第三项$\overline{B}C$，出现了互补项，下来利用$A + \overline{A}B = A + B$，就可以吸收了。

解　$F = AB + A\overline{C} + \overline{B}C + B\overline{C} + \overline{B}D + B\overline{D} + ADE(F+G) =$
$\qquad A(B + \overline{C}) + \overline{B}C + B\overline{C} + \overline{B}D + B\overline{D} + ADE(F+G) =$
$\qquad A\overline{\overline{B}C} + \overline{B}C + B\overline{C} + \overline{B}D + B\overline{D} + ADE(F+G) =$
$\qquad A + \overline{B}C + B\overline{C} + \overline{B}D + B\overline{D} + ADE(F+G) =$
$\qquad A + \overline{B}C + B\overline{C} + \overline{B}D + B\overline{D}$

（此时容易误以为化到了最简，接下来，这道题的处理方法有两种）

方法一：$F = A + \overline{B}C + B\overline{C} + \overline{B}D + B\overline{D} = A + \overline{B}C(\overline{D} + D) + B\overline{C} + \overline{B}D + B\overline{D}(C + \overline{C}) =$
$\qquad A + \overline{B}C\overline{D} + \overline{B}CD + B\overline{C} + \overline{B}D + BC\overline{D} + B\overline{C}\,\overline{D} = A + CD + \overline{B}D + B\overline{C}$

（也可以给第三项和第四项配项）

方法二：$F = A + \overline{B}C + B\overline{C} + \overline{B}D + B\overline{D} = A + \overline{B}C + B\overline{C} + \overline{B}D + B\overline{D} + CD = A + B\overline{C} + \overline{B}D + CD$

（也可以给第三项和第四项配项CD）

【评注】　此题容易造成漏掉前两项的化简和化不到最简。

例2.2　用公式法证明$A\overline{B} + \overline{B}C + CA = \overline{A}B + \overline{B}C + CA$。

分析　多数情况下，遇到这样的题目，思路都是左边变化等于右边，或者右边变化等于左边，这是一种思路。也有同学把两边都展成最小项的形式，这也是一种方法，但这是变相地使用了卡诺图法，是一种没有办法的办法，题目要求是采用公式法，对于数字逻辑不能左边减去右边。

解　左边$= A\overline{B} + \overline{B}C + \overline{A}C + A\overline{C} + \overline{A}B + \overline{B}C = $右边

【评注】　此题解决的方法有很多，可以列真值表、卡诺图，但此题要求公式法，可以反复利用$\overline{A}B + AC = \overline{A}B + AC + BC$。

例2.3　用公式法化简$Y = ACE + \overline{A}BE + \overline{B}\,\overline{C}\,\overline{D} + BE\overline{C} + DE\overline{C} + \overline{A}E$。

分析　当化简的题目中项数比较多，每项包含的因子也比较多时，有时我们一下子不能看出规律，这时候可以先提取公因子，得到相对简单的表达式，就好化简了。

解　$Y = ACE + \overline{A}BE + \overline{B}\,\overline{C}\,\overline{D} + BE\overline{C} + DE\overline{C} + \overline{A}E =$
$\qquad E(AC + \overline{A}B + B\overline{C} + D\overline{C} + \overline{A}) + \overline{B}\,\overline{C}\,\overline{D} =$
$\qquad E(C + B + D + \overline{A}) + \overline{B}\,\overline{C}\,\overline{D} = CE + BE + DE + \overline{A}E + \overline{B}\,\overline{C}\,\overline{D} =$
$\qquad E(B + C + D) + \overline{A}E + \overline{B}\,\overline{C}\,\overline{D} = E\overline{\overline{B}\,\overline{C}\,\overline{D}} + \overline{A}E + \overline{B}\,\overline{C}\,\overline{D} =$
$\qquad E + \overline{A}E + \overline{B}\,\overline{C}\,\overline{D} = E + \overline{B}\,\overline{C}\,\overline{D}$

【评注】　此题是一个综合应用的题目，其实所有的逻辑函数化简都是个吸收律，要善于观察。

例2.4　用卡诺图法化简
$F(A,B,C,D) = \sum m(2,3,6,9,11,12) + \sum d(7,8,10,13)$为最简与-或式。

分析　此题包含无关项，对于无关项的利用，无关项可圈可不圈，原则就是对化简有利。

解　画卡诺图，圈如图例解2.4所示。

$$F = A\overline{B} + A\overline{C} + \overline{A}C$$

【评注】　此题容易忽视无关项的作用。

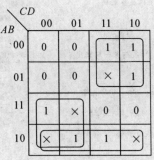

图例解 2.4

例 2.5　用卡诺图法化简 $F(A,B,C,D) = \sum m(3,4,5,7,9,13,14,15)$。

分析　此题看起来比较常规,按部就班的填图圈图就可以了。

解　画卡诺图,圈如图例解 2.5(a) 所示。

$$F = A\overline{B}\,\overline{C} + A\overline{C}D + \overline{A}CD + ABC$$

【评注】　此题容易造成重复圈如图例解 2.5(b),容易第一个圈就圈中间的四项,如图虚线圈所示,但圈完会发现这个圈如果去掉是没有影响的,所以,做完以后一定要检查一下,是不是有重复圈。

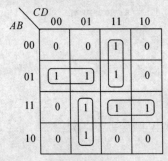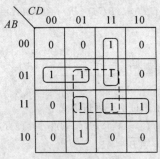

图例解 2.5(a)　　　　　　　图例解 2.5(b)

2.4　参考用 PPT

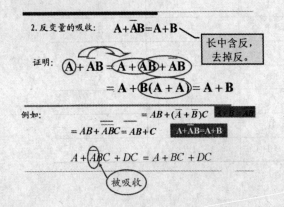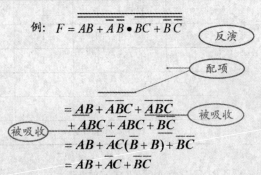

总结函数表达式

按逻辑函数表达式中乘积项的特点以及各乘积项之间的关系，可分5种一般形式。

例：

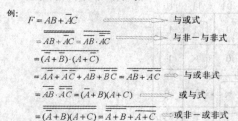

$$F = AB + \overline{A}C \Longrightarrow 与或式$$
$$= \overline{\overline{AB + \overline{A}C}} = \overline{\overline{AB} \cdot \overline{\overline{A}C}} \Longrightarrow 与非—与非式$$
$$= \overline{(\overline{A}+\overline{B}) \cdot (A + \overline{C})}$$
$$= \overline{\overline{AA} + \overline{A}\overline{C} + AB + \overline{B}\overline{C}} = \overline{\overline{AB} + \overline{A}\overline{C}} \Longrightarrow 与或非式$$
$$= \overline{AB} \cdot \overline{\overline{A}C} = (\overline{A}+\overline{B})(A+\overline{C}) \Longrightarrow 或与式$$
$$= \overline{\overline{(\overline{A}+\overline{B})(A+\overline{C})}} = \overline{\overline{A}+\overline{B} + \overline{A} + \overline{C}} \Longrightarrow 或非—或非式$$

3、最小项表达式的求法

结果形如：$F(A,B,C) = \overline{A}\overline{B}C + \overline{A}B\overline{C} + A\overline{B}\overline{C} + ABC$

方法　　观察法—一般表达式：→除非号→去括号→补因子

　　　　真值表法

例：$F = (AB + \overline{C + AB}) \cdot \overline{AB}$
$$= \overline{AB + \overline{C} + AB} \cdot \overline{AB} + AB$$
$$= (\overline{A}+\overline{B}) \cdot C \cdot (A+B) + AB$$
$$= \overline{A}BC + A\overline{B}C + AB$$
$$= \overline{A}BC + A\overline{B}C + AB(C + \overline{C})$$
$$= \overline{A}BC + A\overline{B}C + ABC + AB\overline{C}$$
$$= m_3 + m_5 + m_7 + m_6 = \sum m(3,5,6,7)$$

除非号　　去括号　　补因子

例：用卡诺图化简逻辑函数

$$F(A,B,C,D) = \sum m(0,5,7,9,10,12,13,14,15)$$

解：

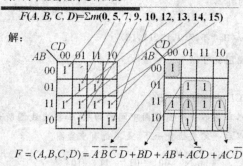

$$F = (A,B,C,D) = \overline{A}\overline{B}\overline{C}\overline{D} + BD + AB + \overline{A}C\overline{D} + A\overline{C}D$$

无关最小项举例

无关项根本不会出现，所以无关项对应的逻辑值可0可1，根据需要而定。利用无关项，力争圈尽量大。

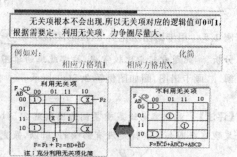

例如对：　　　　　相应方格填1　　相应方格填X　　　　化简

$F = F_1 + F_2 = BD + \overline{B}\overline{D}$

$F = \overline{B}\overline{C}\overline{D} + \overline{A}BCD + ABCD$

注：充分利用无关项化简

C 2.5　习题精选详解

2.1.1　用真值表证明下列恒等式

$(1)(A \oplus B) \oplus C = A \oplus (B \oplus C)$；　　$(2)(A+B)(A+C) = A+BC$；

$(3)\overline{(A \oplus B)} = \overline{A}\,\overline{B} + AB$。

证明　（1）逻辑函数相等其真值表也相同，真值表如表题解 2.1.1(a) 所示。

表题解 2.1.1(a)　　真值表

A	B	C	$A \oplus B$	$B \oplus C$	$(A \oplus B) \oplus C$	$A \oplus (B \oplus C)$
0	0	0	0	0	0	0
0	0	1	0	1	1	1
0	1	0	1	1	1	1
0	1	1	1	0	0	0
1	0	0	1	0	1	1
1	0	1	1	1	0	0
1	1	0	0	1	0	0
1	1	1	0	0	1	1

则 $(A \oplus B) \oplus C = A \oplus (B \oplus C)$，得证。

（2）逻辑函数相等其真值表也相同，真值表如表题解 2.1.1(b) 所示。

表题解 2.1.1(b)　真值表

A	B	C	A+B	A+C	BC	(A+B)(A+C)	A+BC
0	0	0	0	0	0	0	0
0	0	1	0	1	0	0	0
0	1	0	1	0	0	0	0
0	1	1	1	1	1	1	1
1	0	0	1	1	0	1	1
1	0	1	1	1	0	1	1
1	1	0	1	1	0	1	1
1	1	1	1	1	1	1	1

则 $(A+B)(A+C) = A+BC$，得证。

(3) 逻辑函数相等其真值表也相同,真值表如表题解 2.1.1(c) 所示。

表题解 2.1.1(c)　真值表

A	B	$A \oplus B$	$\overline{(A \oplus B)}$	$\overline{A}\,\overline{B}$	AB	$\overline{A}\,\overline{B}+AB$
0	0	0	1	1	0	1
0	1	1	0	0	0	0
1	0	1	0	0	0	0
1	1	0	1	0	1	1

则 $\overline{(A \oplus B)} = \overline{A}\,\overline{B}+AB$，得证。

2.1.2　写出三变量的摩根定理表达式,并用真值表验证其正确性。

解　三变量的摩根定理表达式：$\overline{A+B+C} = \overline{A}\,\overline{B}\,\overline{C}$，$\overline{ABC} = \overline{A}+\overline{B}+\overline{C}$

真值表验证,真值表如表题解 2.1.2 所示。

表题解 2.1.2　真值表

A	B	C	$\overline{A+B+C}$	$\overline{A}\,\overline{B}\,\overline{C}$	$\overline{ABC}$	$\overline{A}+\overline{B}+\overline{C}$
0	0	0	1	1	1	1
0	0	1	0	0	1	1
0	1	0	0	0	1	1
0	1	1	0	0	1	1
1	0	0	0	0	1	1
1	0	1	0	0	1	1
1	1	0	0	0	1	1
1	1	1	0	0	0	0

2.1.3　用逻辑代数证明下列等式。

(1) $A + \overline{A}B = A+B$；　　　　　(2) $ABC + A\overline{B}C + AB\overline{C} = AB + AC$；

(3) $A + A\overline{B}\,\overline{C} + \overline{A}CD + (\overline{C}+\overline{D})E = A + CD + E$。

证明　(1) 由交换律 $A + BC = (A+B)(A+C)$，得

$$A + \overline{A}B = (A+\overline{A})(A+B) = A+B$$

(2) $ABC + A\overline{B}C + AB\overline{C} = A(BC + \overline{B}C + B\overline{C}) = A(C + B\overline{C}) = A(C+B) = AB + AC$

(3) $A + A\overline{B}\,\overline{C} + \overline{A}CD + (\overline{C}+\overline{D})E = A + \overline{A}CD + (\overline{C}+\overline{D})E = A + CD + \overline{CD}E = A + CD + E$

2.1.4　用代数法化简下列各式

(1) $AB(BC + A)$；　　　　　　　　(2) $(A+B)(A\overline{B})$；

(3) $\overline{\overline{ABC}(B+\overline{C})}$；

(4) $\overline{\overline{A}\,\overline{B}+ABC+A(B+A\overline{B})}$；

(5) $\overline{AB+\overline{A}\,\overline{B}+\overline{A}B+A\overline{B}}$；

(6) $\overline{\overline{(\overline{A}+B)}+\overline{(\overline{A}+B)}+\overline{(\overline{A}B)}\cdot(\overline{A}B)}$；

(7) $\overline{B}+ABC+\overline{A}C+\overline{AB}$；

(8) $\overline{ABC}+A\overline{B}C+ABC+A+B\overline{C}$；

(9) $ABC\overline{D}+ABD+BC\overline{D}+ABCD+B\overline{C}$；

(10) $\overline{\overline{AC+\overline{A}BC}+\overline{B}C+AB\overline{C}}$。

解 (1) $AB(BC+A)=ABC+AB=AB$

(2) $(A+B)(A\overline{B})=A\overline{B}$

(3) $\overline{\overline{ABC}(B+\overline{C})}=(A+\overline{B}+\overline{C})(B+\overline{C})=AB+B\overline{C}+\overline{A}\overline{C}+\overline{B}\overline{C}+\overline{C}=AB+\overline{C}$

(4) $\overline{\overline{A}\,\overline{B}+ABC+A(B+A\overline{B})}=\overline{A(\overline{B}+BC)}+(AB+A\overline{B})=\overline{A(\overline{B}+C)}+A=$

$\overline{A}+\overline{B}\overline{C}+A=0$

(5) $\overline{AB+\overline{A}\,\overline{B}+\overline{A}B+A\overline{B}}=\overline{A+\overline{A}}=0$

(6) $\overline{\overline{(\overline{A}+B)}+\overline{(\overline{A}+B)}+\overline{(\overline{A}B)}\cdot(\overline{A}B)}=(\overline{A}+B)\cdot(\overline{A}+B)\overline{(\overline{A}B)}\cdot(\overline{A}B)=$

$(AB+B\overline{A}+B)(\overline{A}B+A\overline{B})=B(\overline{A}B+A\overline{B})=\overline{A}B$

(7) $\overline{B}+ABC+\overline{A}C+\overline{AB}=\overline{B}+AC+\overline{A}C+\overline{AB}=\overline{B}+1+\overline{AB}=1$

(8) $\overline{ABC}+A\overline{B}C+ABC+A+B\overline{C}=1+A\overline{B}C+A+B\overline{C}=1+A+B\overline{C}=1$

(9) $ABC\overline{D}+ABD+BC\overline{D}+ABCD+B\overline{C}=ABC+ABD+B(C\overline{D}+\overline{C})=$

$ABC+ABD+B(\overline{C}+\overline{D})=ABC+ABD+B\overline{C}+B\overline{D}=$

$B(AC+AD+\overline{C}+\overline{D})=B(A+\overline{C}+A+\overline{D})=AB+B\overline{C}+B\overline{D}$

(10) $\overline{\overline{AC+\overline{A}BC}+\overline{B}C+AB\overline{C}}=(AC+\overline{A}BC)\cdot(B+\overline{C})\cdot(\overline{A}+\overline{B}+C)=$

$(ABC+\overline{A}BC)(\overline{A}+\overline{B}+C)=BC(\overline{A}+\overline{B}+C)=$

$\overline{A}BC+BC=BC$

2.1.5 将下列各式转换成与-或形式

(1) $\overline{A\oplus B\oplus\overline{C\oplus D}}$；

(2) $\overline{\overline{A+B+\overline{C}+D}+\overline{\overline{C}+D+\overline{A}+D}}$；

(3) $\overline{\overline{AC}\cdot\overline{BD}\cdot\overline{BC}\cdot\overline{AB}}$。

解 (1) 当 $\overline{A\oplus B}=0,\overline{C\oplus D}=1$ 时，真值为1。于是

$AB=01,CD=00$ 或 $CD=11$ 时，真值为1；

$AB=10,CD=00$ 或 $CD=11$ 时，真值为1。

则有四个最小项不为0，即 $\overline{A}BC\,\overline{D},\overline{A}BCD,AB\,\overline{C}\,\overline{D},ABCD$。

当 $\overline{A\oplus B}=1,\overline{C\oplus D}=0$ 时，真值为1。于是

$AB=00,CD=10$ 或 $CD=01$ 时，真值为1；

$AB=11,CD=10$ 或 $CD=01$ 时，真值为1。

则有四个最小项不为0，即 $\overline{A}\,B\overline{C}D,\overline{A}\,\overline{B}\,C\overline{D},ABC\overline{D},AB\overline{C}D$。

所以 $\overline{A\oplus B\oplus\overline{C\oplus D}}=\sum m(1,2,4,7,8,11,13,14)$

(2) $\overline{\overline{A+B+\overline{C}+D}+\overline{\overline{C}+D+\overline{A}+D}}=(A+B)(C+\overline{D})+(C+\overline{D})(A+\overline{D})=$

$(C+\overline{D})(A+B+\overline{D})=$

$AC+A\overline{D}+BC+B\overline{D}+C\overline{D}+\overline{D}=AC+BC+\overline{D}$

(3) $\overline{\overline{AC}\cdot\overline{BD}\cdot\overline{BC}\cdot\overline{AB}}=\overline{AC}\cdot\overline{BD}+\overline{BC}\cdot\overline{AB}=(\overline{A}+\overline{C})(\overline{B}+\overline{D})+(\overline{B}+\overline{C})(\overline{A}+\overline{B})=$

$\overline{A}\,\overline{B}+\overline{B}\,\overline{C}+\overline{A}\,\overline{D}+\overline{C}\,\overline{D}+\overline{A}\,\overline{B}+\overline{A}\,\overline{C}+\overline{B}+\overline{B}\,\overline{C}=$

$$\overline{B} + \overline{AD} + \overline{C}\overline{D} + \overline{A}\overline{C}$$

2.1.6 已知逻辑函数表达式为 $L = \overline{ABCD}$,画出实现该式的逻辑电路图,限使用非门和二输入与非门。

解 $L = \overline{ABCD} = \overline{\overline{AB} \cdot \overline{CD}}$

逻辑电路图如图题解 2.1.6 所示。

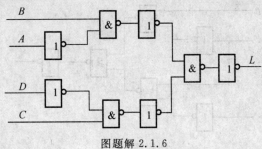

图题解 2.1.6

2.1.7 利用与非门实现下列函数

(1) $L = AB + AC$;　　　　(2) $L = \overline{D(A+C)}$;

(3) $L = \overline{(A+B)(C+D)}$。

解 (1) $L = \overline{\overline{AB} \cdot \overline{AC}}$

逻辑电路图如图题解 2.1.7(a) 所示。

(2) $L = \overline{D(A+C)} = \overline{D\overline{A}\,\overline{C}}$

逻辑电路图如图题解 2.1.7(b) 所示。

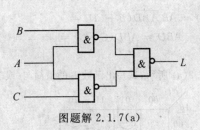

图题解 2.1.7(a)

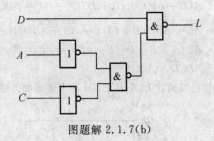

图题解 2.1.7(b)

(3) $L = \overline{(A+B)(C+D)} = \overline{\overline{\overline{A}\,\overline{B}} \cdot \overline{\overline{C}\,\overline{D}}}$

逻辑电路图如图题解 2.1.7(c) 所示。

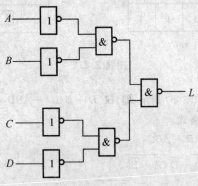

图题解 2.1.7(c)

2.1.8 已知逻辑函数表达式为 $L = A\overline{B} + \overline{A}C$，画出实现该式的逻辑电路图，限使用非门和二输入或非门。

解 $L = A\overline{B} + \overline{A}C = \overline{\overline{\overline{A} + B} + \overline{A + \overline{C}}}$

逻辑电路图如图题解 2.1.8 所示。

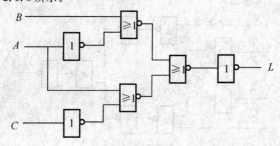

图题解 2.1.8

2.2.1 将下列函数展开为最小项表达式

$(1)L = A\overline{C}D + \overline{B}\overline{C}D + ABCD$；　　　　$(2)L = \overline{\overline{A}(B + \overline{C})}$

$(3)L = \overline{\overline{\overline{AB}} + ABD(B + \overline{C}D)}$

解 $(1)L = A\overline{C}D + \overline{B}\overline{C}D + ABCD = A\overline{C}D(B + \overline{B}) + \overline{B}\overline{C}D(A + \overline{A}) + ABCD =$

$AB\overline{C}D + A\overline{B}\overline{C}D + \overline{A}\overline{B}\overline{C}D + \overline{A}\overline{B}\overline{C}D + ABCD$

$(2)L = \overline{\overline{A}(B + \overline{C})} = \overline{\overline{A}(B + \overline{C})} = A + \overline{B + \overline{C}} = A + \overline{B}C =$

$A(B + \overline{B})(C + \overline{C}) + \overline{B}C(A + \overline{A}) = ABC + AB\overline{C} + A\overline{B}C + A\overline{B}\overline{C} + \overline{A}\overline{B}C$

$(3)L = \overline{\overline{\overline{AB}} + ABD(B + \overline{C}D)} = \overline{\overline{\overline{AB}} + ABD(B + \overline{C}D)} = AB\overline{\overline{ABD}}(B + \overline{C}D) =$

$AB(\overline{A} + \overline{B} + \overline{D})(B + \overline{C}D) = AB\overline{D}(B + \overline{C}D) = AB\overline{D} = AB\overline{D}(C + \overline{C}) =$

$ABC\overline{D} + AB\overline{C}\overline{D}$

2.2.2 已知函数 $L(A,B,C,D)$ 的卡诺图如图题 2.2.2(a) 所示，试写出函数 L 的最简与-或表达式。

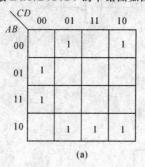

(a)

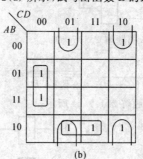

(b)

图题 2.2.2

解 卡诺图法化简如图题 2.2.2(b) 所示，即：$\overline{B}C\overline{D} + \overline{B}\overline{C}D + A\overline{B}D + \overline{B}CD$。

2.2.3 用卡诺图法化简下列各式

$(1)\ A\overline{B}CD + AB\overline{C}D + A\overline{B} + A\overline{D} + A\overline{B}C$；

$(2)\ (\overline{A}\overline{B} + B\overline{D})\overline{C} + BD\ \overline{(\overline{A}\overline{C})} + \overline{D}\ \overline{(\overline{A} + \overline{B})}$；

$(3)\ A\overline{B}CD + D(\overline{B}\overline{C}D) + (A + C)B\overline{D} + \overline{A}\ \overline{(\overline{B} + C)}$；

$(4)\ L(A,B,C,D) = \sum m(0,2,4,8,10,12)$；

(5) $L(A,B,C,D) = \sum m(0,1,2,5,6,8,9,10,13,14)$;

(6) $L(A,B,C,D) = \sum m(0,2,4,6,9,13) + \sum d(1,3,5,7,11,15)$;

(7) $L(A,B,C,D) = \sum m(0,13,14,15) + \sum d(1,2,3,9,10,11)$。

解 (1) 卡诺图法化简如图题解 2.2.3(a) 所示，即 $A\overline{B} + A\overline{D} + A\overline{C}$。

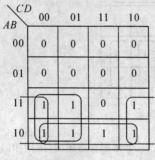 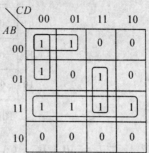

图题解 2.2.3(a)　　　　图题解 2.2.3(b)

(2) $(\overline{A}\,\overline{B} + B\overline{D})\overline{C} + BD\,\overline{(\overline{A}\,\overline{C})} + \overline{D}\,(\overline{A} + \overline{B}) = \overline{A}\,\overline{B}\,\overline{C} + B\overline{C}\,\overline{D} + BD(A + C) + \overline{D}AB =$
$$\overline{A}\,\overline{B}\,\overline{C} + B\overline{C}\,\overline{D} + ABD + BCD + AB\overline{D}$$

卡诺图法化简如图题解 2.2.3(b) 所示，即 $\overline{A}\,\overline{B}\,\overline{C} + \overline{A}\,\overline{C}\,\overline{D} + AB + BCD$。

(3) $A\overline{B}CD + D(\overline{B}\,\overline{C}D) + (A + C)B\overline{D} + \overline{A}\,\overline{(\overline{B} + C)} = A\overline{B}CD + \overline{B}\,\overline{C}D + AB\overline{D} +$
$$BC\overline{D} + \overline{A}B\overline{C} = m_{11} + m_1 + m_9 + m_{12} + m_{14} + m_6 + m_{14} + m_4 +$$
$$m_5 = \sum m(1,4,5,6,9,11,12,14)$$

卡诺图法化简如图题解 2.2.3(c) 所示，即：$B\overline{D} + \overline{A}\,\overline{C}D + A\overline{B}D$。

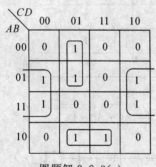 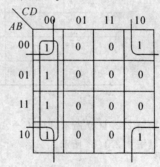

图题解 2.2.3(c)　　　　图题解 2.2.3(d)

(4) 卡诺图法化简如图题解 2.2.3(d) 所示，即 $\overline{C}\,\overline{D} + \overline{B}\,\overline{D}$。

(5) 卡诺图法化简如图题解 2.2.3(e) 所示，即 $\overline{C}D + \overline{B}\,\overline{C} + C\overline{D}$。

图题解 2.2.3(e)　　　　图题解 2.2.3(f)

（6）卡诺图法化简如图题解 2.2.3(f) 所示。即 $\overline{A} + D$。

（7）卡诺图法化简如图题解 2.2.3(g) 所示，即 $\overline{A}\,\overline{B} + AD + AC$。

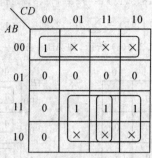

CD \ AB	00	01	11	10
00	1	×	×	×
01	0	0	0	0
11	0	1	1	1
10	0	×	×	×

图题解 2.2.3(g)

2.2.4 已知逻辑函数 $L = A\overline{B} + B\overline{C} + C\overline{A}$，试用真值表、卡诺图和逻辑图（限用非门和与非门）表示。

解 （1）真值表如题表解 2.2.4 所示。

题表解 2.2.4　真值表

A	B	C	L
0	0	0	0
0	0	1	1
0	1	0	1
0	1	1	1
1	0	0	1
1	0	1	1
1	1	0	1
1	1	1	0

（2）卡诺图如图题解 2.2.4(a) 所示，即 $\overline{A}C + A\overline{B} + B\overline{C} = \overline{\overline{\overline{A}C} \cdot \overline{A\overline{B}} \cdot \overline{B\overline{C}}}$。

（3）逻辑图如图题解 2.2.4(b) 所示。

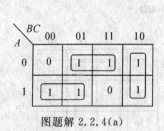

图题解 2.2.4(a)

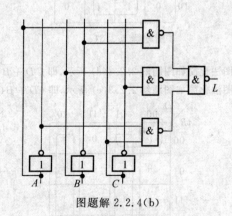

图题解 2.2.4(b)

第3章 逻辑门电路

3.1 教学建议

本章系统地讲述了数字电路的基本逻辑单元——门电路。本章是数电和模电结合比较密切的章节,所以可以在课堂上引导学生在分析电路的过程中回顾模电的相关内容,使学生理解二、三极管、MOS 管的开关特性。从定性的角度出发,通过对每个管子各点电压值的分析,判定其状态,从而分析整个电路的逻辑功能,重在教给学生分析电路的思路及方法,达到学生能够正确使用各种常用门电路包括元器件的选用和元器件接口电路设计的目的。

3.2 主要概念

一、内容要点精讲

1. 二极管和 BJT 的开关特性

在数字电路中,二极管和 BJT 大多工作在开关状态,它们在脉冲信号的作用下导通、截止,相当于开关的"开通"和"关断"。

(1)二极管的开关特性。二极管的开关特性表现为在正向导通与反向截止两种不同状态之间的转换。

二极管从反向截止到正向导通的时间极短,可以忽略不计;但二极管从正向导通到反向截止要经过反向恢复的过程,它是由于电荷存储效应而引起的,反向恢复时间就是存储电荷消失所需的时间,这也是结电容的放电时间。

(2)BJT 的开关特性。BJT 的输出特性曲线上分为三个区,截止区、放大区和饱和区。在截止区 BJT 的基极电流 $i_b = 0$,此时相当于开关截止;在饱和区,$v_{CE} \approx V_{CES} \approx 0.2 \sim 0.3$ V,此时相当于开关闭合导通。

(3)BJT 的开关时间。若在 BJT 开关电路的 BJT 基极输入理想的方波信号,则它的输出集电极电流波形的起始部分和平顶部分都延迟了一段时间,上升和下降都变得缓慢了,BJT 开关的瞬态过程可用以下几个时间参数表征:

1)延时时间 t_d:从输入信号发生正向跃变到集电极电流上升到 $0.1I_{CS}$ 所需时间;

2)上升时间 t_r:集电极电流从 $0.1I_{CS}$ 增加到 $0.9I_{CS}$ 所需的时间;

3)存储时间 t_s:从输入信号发生负向跃变到集电极电流降到 $0.9I_{CS}$ 所需的时间;

4)下降时间 t_f:集电极电流从 $0.9I_{CS}$ 减少到 $0.1I_{CS}$ 所需的时间。

2. 基本逻辑门电路

由二极管和 BJT 管可构成各种基本逻辑电路,如表 3.1 所示。

表 3.1　基本逻辑门电路

名称	电路图	代表符号	逻辑表达式
二极管与门	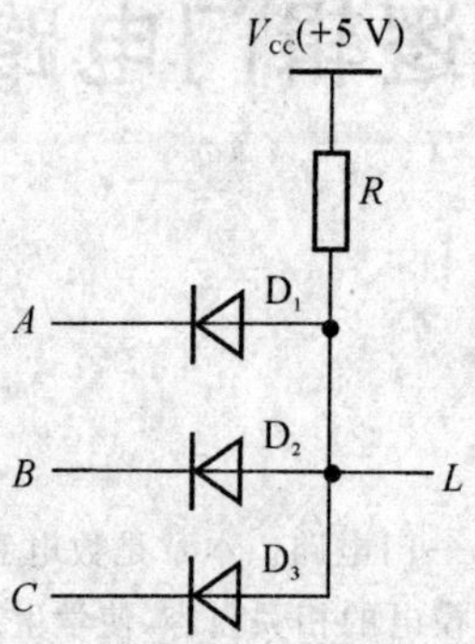	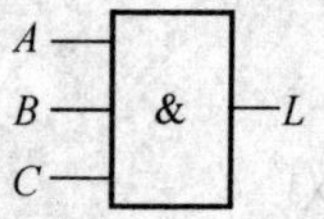	$L = A \cdot B \cdot C$
二极管或门	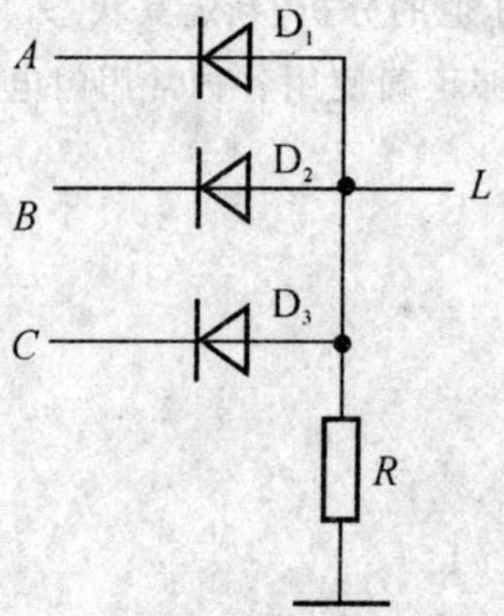	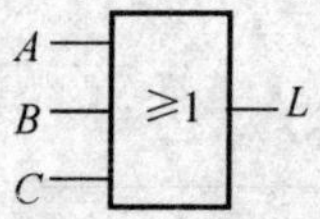	$L = A + B + C$
BJT 反相器（非门）	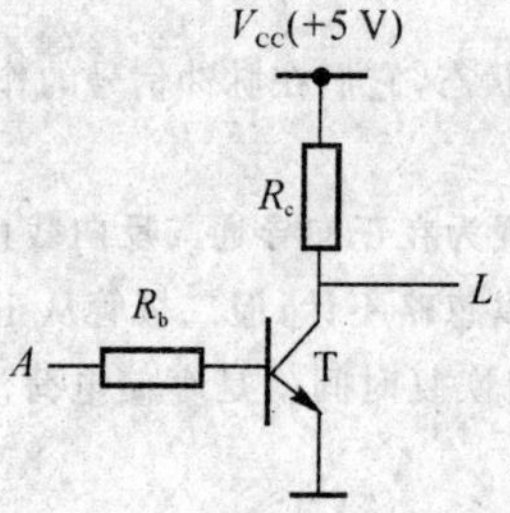	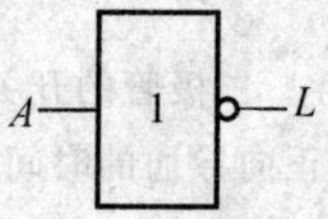	$L = \overline{A}$
TTL 反相器（非门）	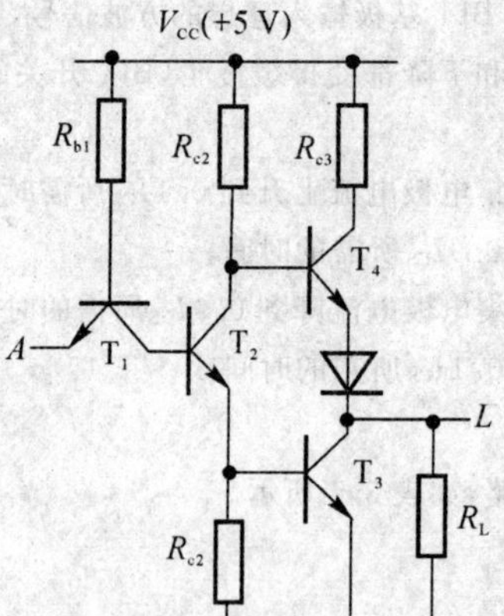	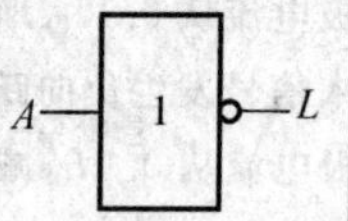	$L = \overline{A}$

续 表

名称	电路图	代表符号	逻辑表达式
TTL 与非门	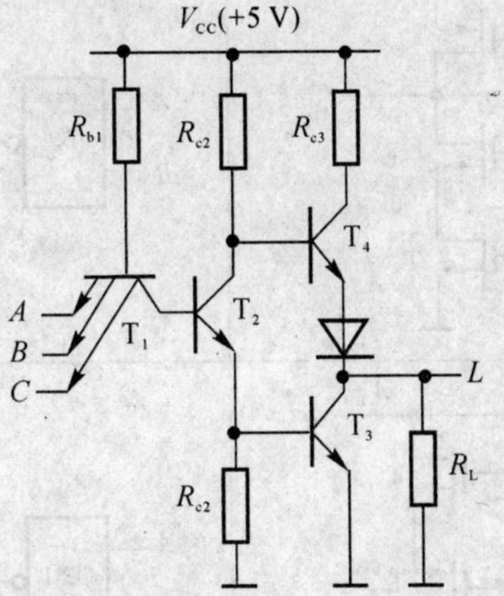	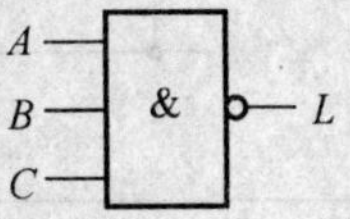	$L = \overline{A \cdot B \cdot C}$

(1)TTL 与非门的电压传输特性及有关参数。电压传输特性是指输出电压 v_O 随输入电压 v_I 变化的关系曲线。从电压传输特性上可以得到 TTL 与非门以下几个参数：

1)输出高电平 V_{OH} 和输出低电平 V_{OL}；

2)输出高电压 $V_{OH} = 2.4\ V$,输出低电压 $V_{OL} = 0.4\ V$,输入低电压 $V_{IL} = 0.8\ V$,输入高电压 $V_{IH} = 1.2\ V$；

3)噪声容限:高电平所对应的电压范围($V_{IH} \sim V_{OH}$)和低电平所对应的电压范围($V_{OL} \sim V_{IL}$)分别称为高、低电平的噪声容限；

4)扇入数与扇出数:TTL 门电路扇入数取决于它的输入端的个数在灌电流工作情况时 TTL 门电路的扇出数 $N_{OL} = \dfrac{I_{OL}}{I_{IL}}$,在拉电流工作情况时扇出数 $N_{OH} = \dfrac{I_{OH}}{I_{IH}}$；

5)其他参数:传输延迟时间、功耗、延时-功耗积。

(2)CMOS 逻辑门电路。采用 CMOS 工艺可制作各种逻辑门电路,如表 3.2 所示。

表 3.2　主要的 CMOS 逻辑门电路

名称	电路图	代表符号	逻辑表达式
CMOS 反相器	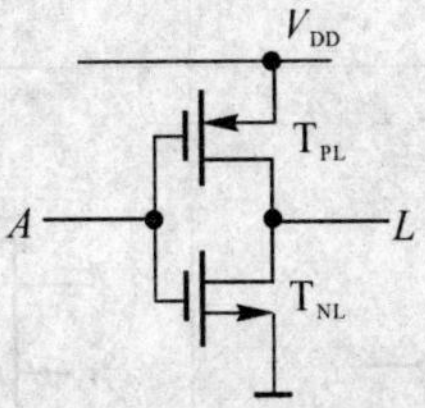	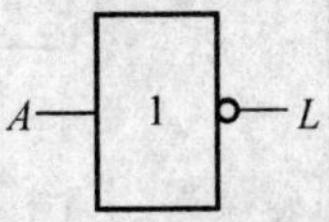	$L = \overline{A}$

续 表

名称	电路图	代表符号	逻辑表达式
CMOS 与非门	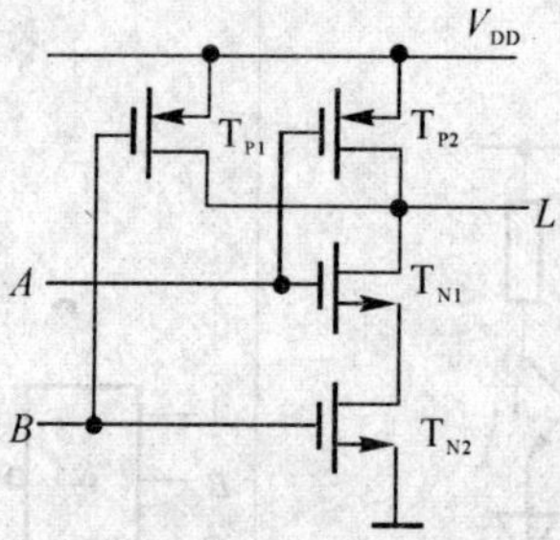	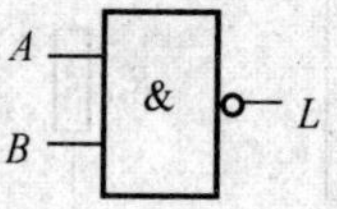	$L = \overline{A \cdot B}$
CMOS 或非门	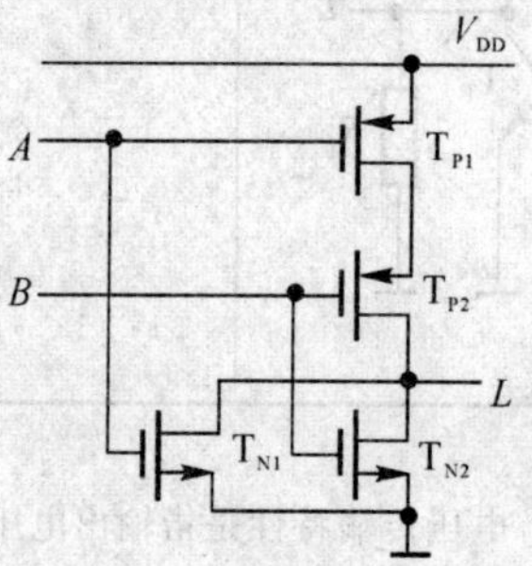	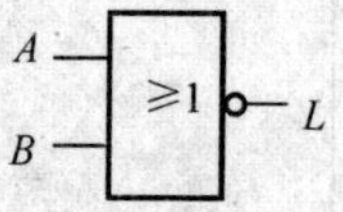	$L = \overline{A + B}$
CMOS 传输门	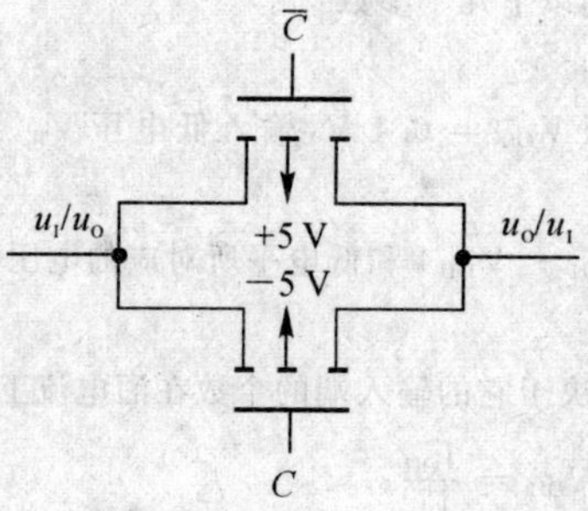	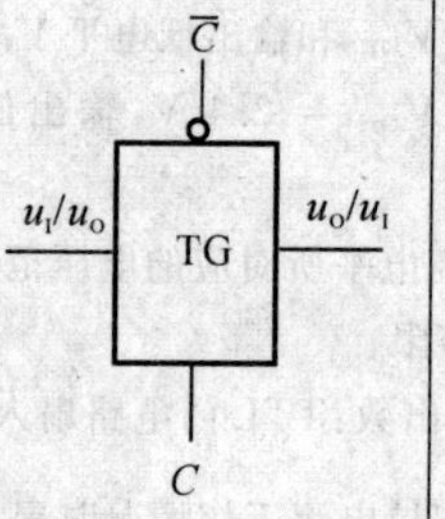	
NMOS 反相器	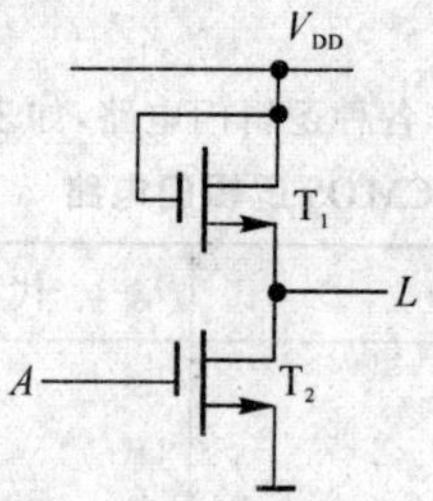	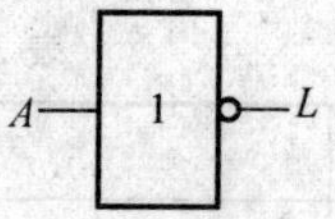	$L = \overline{A}$
NMOS 或非门	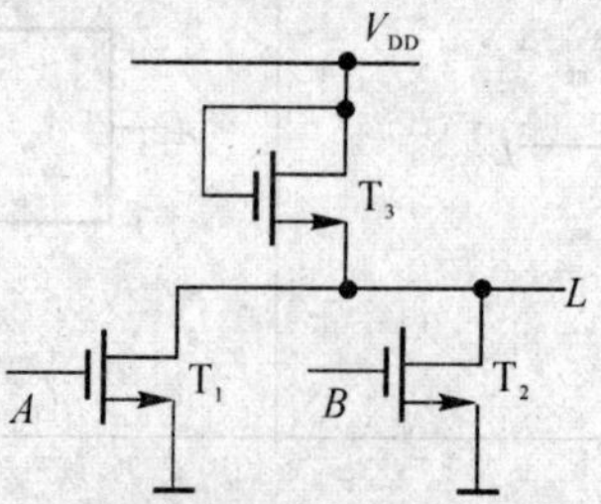	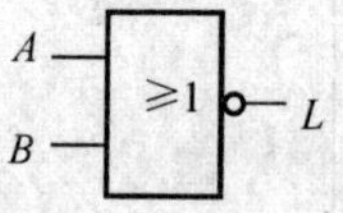	$L = \overline{A + B}$

三、重点、难点

教学重点:TTL,CMOS 基本逻辑门电路的功能和主要参数的概念。

教学难点:TTL 门电路和 CMOS 门电路的逻辑功能分析。

3.3 例题

例 3.1 欲判断一个 TTL 与非门输入端的工作情况,若用内阻为 $20k\Omega/V$ 的万用表 V 去测量某一悬空输入端,在下列情况下,所测得的电压值各为多少?为什么?如图 3.1 所示。

(1)其他输入端接正电源(+5V);

(2)其他输入端悬空;

(3)其他输入端有一个接地;

(4)其他输入端全部接地;

(5)其他输入端有一个接 0.4V。

解 为便于分析与理解,画 TTL 门电路的示意图如图 3.1 所示,其中 BE_2,BE_3 是三极管 T_2,T_3 的 BE 结等效二极管。

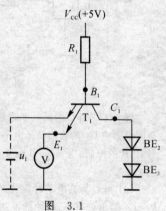

图 3.1

(1)万用表内阻 $R_1 > R_{ON}$,$u_1 = +5$ V,因此,与非门 T_1 的 BC 结和 BE_2,BE_3 均导通,$U_{B1} = U_{BC1} + U_{BE2} + U_{BE3} = 2.1$ V,万用表所能测得的电压值 $U = U_{B1} - U_{BE1} = 1.4$ V;

(2)此时,门的工作情况同(1),故 $U = 1.4$ V;

(3)此时,T_1 通过该输入对地导通,使 $U_{B1} = 0.7$ V,故
$$U = U_{B1} - U_{BE1} = 0 \text{ V}$$

(4)全部接地时,门的工作情况同(3),因而 $U = 0$ V;

(5)此时,T_1 通过解 0.4V 的输入端导通,使 $U_{B1} = U_1 + U_{BE1} = 1.1$ V;万用表所测电压值 $U = U_{B1} - U_{BE1} = 0.4$ V。

【评注】 本题的处理原则是要将三极管的发射结等效为二极管。

例 3.2 实测得一 TTL 与非门的 $U_{OL} = 0.2$ V,$U_{OH} = 3.6$ V,$U_{on} = 1.45$ V,$U_{off} = 1.35$ V,$I_{IS} = 1.4$ mA,$I_{OLmax} = 25$ mA,试求

(1)输入高电平噪声容限 U_{NH} 和输入低电平噪声容限 U_{NL};

(2)该门的扇出系数 N_o。

解 (1)$U_{NH} = U_{OHmin} - U_{on} = 2.4 - 1.45 = 0.95$ V
$$U_{NL} = U_{off} - U_{OLmax} = 1.35 - 0.4 = 0.95 \text{ V}$$

(2)
$$N_O = \left[\frac{I_{OLmax}}{I_{IS}} \right] = \left[\frac{25}{1.6} \right] = 15$$

【评注】 本题计算中有些用了测试值,有些用典型值。处理原则是以该门为核心,所关注的问题涉及其他门的有关参数时用典型值。

例 3.3 用 TTL 与非门、发光二极管 LED 和电阻构成的逻辑测试笔电路如图 3.2 所示(可用检查 TTL 电路的逻辑值)。

(1)计算电阻 R 的阻值;

(2)说明电阻和门的作用。

解 (1)$R \geqslant \dfrac{V_{CC} - U_D - U_{OL}}{I_{DM}} = \dfrac{5 - 1.7 - 0.3}{10} = 0.3 \text{ k}\Omega$

（2）电阻 R 的作用是限流，使流过 LED 的电流不超过 I_{DM}；门的作用：一是隔离，使测试电路向被测试电路灌入电流小于 1.6 mA；二是逻辑配合，当探头接触高电平时，门输出低电平，LED 导通，发光，表明探测到高电平，反之，门输出高电平，LED 截止，不发光，表明探测到低电平。

【评注】　本题计算中重在理解限流电阻的作用及限流电阻的计算方法。

例 3.4　图 3.3 电路中，G_1 是三态输出门，G_2 是普通 TTL 与非门，试回答：当控制信号 C 为低电平，开关 S 闭合和断开时，三态门的输出电位是多少？当控制信号 C 为高电平时，开关 S 闭合和断开，三态门的输出电位又是多少？

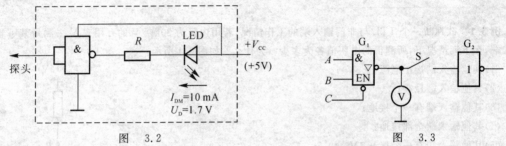

图　3.2　　　　　　　　　图　3.3

解　（1）当 C 为低电平时，三态门"使能"，实现正常的与非逻辑，输出为 $\overline{AB}$。S 闭合时，G_2 形成的电流不会明显影响 G_1 的输出高低电平；S 断开时，G_1 输出空载。因此，S 闭合和断开时，三态门的输出电位受输入信号 A，B 的控制，当 $A = B = 1$ 时，输出低电平 $U_{OL} \leqslant 0.4$ V；当 A 与 B 中有 0 输入时，输出高电平 $U_{OH} \geqslant 2.4$ V。

（2）当 C 为高电平时，三态门"禁止"，输出为高阻抗"Z"，当 S 闭合时，"Z"接 G_2 输入端，大于其开门电阻 R_{on}，G_2 输出低电平，由此推得三态门输出端的电位 $U = 1.4$ V；当 S 断开时，三态门的输出电位（理论上）为 0 V。

【评注】　本题重点考查三态门的工作原理，当三态门输出高阻时对于后续电路的影响是本题的易错点。

例 3.5　OC 门构成的电路如图 3.4 所示。

（1）写出输出表达式；

（2）当 A 与 B 或者 C 与 D 都是高电平时，输出何种电平？

（3）当 A，B 和 C，D 中都至少有一个为低电平时，输出何种电平？

解　（1）$L = \overline{AB} \cdot \overline{CD} = \overline{AB + CD}$；

（2）输出低电平；

（3）输出高电平。

【评注】　本题重在考查 OC 门的特点。

例 3.6　3 个三态门的输出接到数据总线 DB 上，如图 3.5 所示。

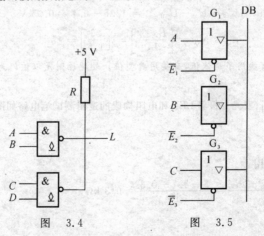

图　3.4　　　　　　　　　图　3.5

(1) 它们的使能 $\overline{E}$ 能否接在一起集中控制？

(2) 简述数据传输原理。

(3) 若门 G_1 发送数据，此时各三态门的 $\overline{E}$ 应置何种电平？

解　(1) 它们的使能端不能接在一起集中控制，应分时使能。若集中同时使能，会引起总线冲突，烧坏三态门。

(2) 3 个三态门的输出共享总线必须分时占用总线，即任何时刻，仅允许一个三态门使能，将数据放到总线上。

(3) 此时，$\overline{E_1} = 0$，而 $\overline{E_2} = \overline{E_3} = 1$ 即可。

【评注】　本题重在考查 OC 门的特点。

3.4　参考用 PPT

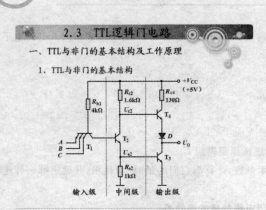

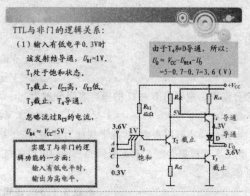

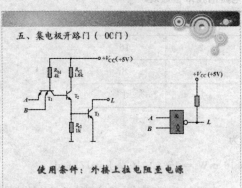

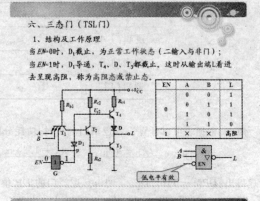

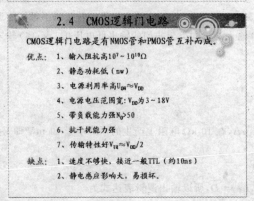

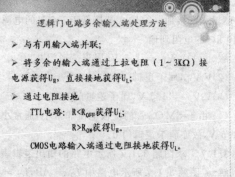

3.5 习题精选详解

3.1.1 根据表题3.1.1所列的三种逻辑门电路的技术参数,试选择一种最合适工作在高噪声环境下的门电路。

表题 3.1.1 逻辑门电路的技术参数表

	$V_{OH(min)}/V$	$V_{OL(max)}/V$	$V_{IH(min)}/V$	$V_{IL(max)}/V$
逻辑门 A	2.4	0.4	2	0.8
逻辑门 B	3.5	0.2	2.5	0.6
逻辑门 C	4.2	0.2	3.2	0.8

解 根据表题3.1.1所示逻辑门的参数,以及教材式(3.1.1)和式(3.1.2),计算出逻辑门A的高电平和低电平噪声容限分别为

$$V_{NHA} = V_{OH(min)} - V_{IH(min)} = 2.4 - 2 = 0.4 \text{ V}$$

$$V_{NLA(max)} = V_{IL(max)} - V_{OL(max)} = 0.8 - 0.4 = 0.4 \text{ V}$$

同理分别求出逻辑门B和C的噪声容限分别为：

$$V_{NHB} = 1 \text{ V}, \quad V_{NLB} = 0.4 \text{ V}, \quad V_{NHC} = 1 \text{ V}, \quad V_{NLC} = 0.6 \text{ V}$$

电路的噪声容限愈大,其抗干扰能力愈强,综合考虑选择逻辑门C。

3.1.3 根据表题3.1.3所列的三种门电路的技术参数,计算出它们的延时-功耗积,并确定哪一种逻辑门性能最好。

表题 3.1.3 逻辑门电路的技术参数表

	t_{pLH}/ns	t_{pHL}/ns	P_D/mW
逻辑门 A	1	1.2	16
逻辑门 B	5	6	8
逻辑门 C	10	10	1

解 根据表可以计算出各逻辑门的延时-功耗分别为

$$DP_A = \frac{t_{pLH} + t_{pHL}}{2} P_D = \frac{(1+1.2) \text{ ns}}{2} \times 16 \text{ mW} = 17.6 \times 10^{-12} \text{ J} = 17.6 \text{ pJ}$$

同理得出：$DP_B = 44 \text{pJ}, DP_C = 10 \text{pJ}$,逻辑门的$DP$值愈小,表明它的特性愈好,所以逻辑门$C$的性能最好。

3.1.5 为什么说74HC系列CMOS与非门在+5 V电源工作时,输入端在以下四种接法下都属于逻辑0:(1)输入端接地；(2)输入端接低于1.5 V的电源；(3)输入端接同类与非门的输出低电压0.1 V；(4)输入端接 10 kΩ 的电阻到地。

解 (1)$V_I V_{IL} = 1.5 \text{ V}$,属于逻辑门0。

(2)$V_I V_{IL}$,属于逻辑门0。

(3)$V_I V_{IL} = 1.5 \text{ V}$,属于逻辑门0。

(4) 由于CMOS管的栅极电流非常小,通常小于$1 \mu A$,在 10 kΩ 电阻上产生的压降小于 10 mV 即 $V_I V_{IL} = 1.5 \text{ V}$,故亦属于逻辑门0。

3.1.7 求图题3.1.7所示电路的输出逻辑表达式。

解 图题3.1.7所示电路中 $L_1 = \overline{AB}, L_2 = \overline{BC}, L_3 = \overline{D}$,所以输出逻辑表达式为

$$L = \overline{L_1 \cdot L_2 \cdot L_3 \cdot E}$$

3.1.9 图题3.1.9表示三态门作总线传输的示意图,图中 n 个三态门的输出接到数据传输总线,D_1,D_2,$\cdots$,D_n 为数据输入端,CS_1,CS_2,$\cdots$,CS_n 为片选信号输入端。试问:

(1)CS 信号如何进行控制,以便数据 D_1,D_2,$\cdots$,D_n 通过该总线进行正常传输?

(2)CS 信号能否有两个或两个以上同时有效? 如果出现两个或两个以上有效,可能发生什么情况?

(3) 如果所有 CS 信号均无效,总线处在什么状态?

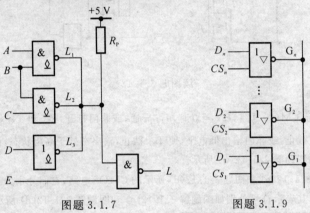

图题 3.1.7　　　　　　图题 3.1.9

解 (1) 根据图题3.1.9可知,片选信号 CS_1,CS_2,$\cdots$,CS_n 为高电平有效,当 $CS_i = 1$ 时第 i 个三态门被选中,其输入数据被送到数据传输总线上。根据数据传输的速度,分时地给 CS_1,CS_2,$\cdots$,CS_n 端以正脉冲信号,使其相应的三态门的输出数据能分时地到达总线上。

(2)CS 信号不能有两个或两个以上同时有效,否则两个不同的信号将在总线上发生冲突,即总线不能同时既为 0 又为 1。

(3) 如果所有 CS 信号均无效,总线处于高阻状态。

3.1.12 试分析图题3.1.12所示的CMOS电路,说明它们的逻辑功能。

解 对于图题3.1.12(a)所示的CMOS电路,当 $\overline{EN} = 0$ 时,T_{P2} 和 T_{N2} 均导通,T_{P1} 和 T_{N1} 构成的反相器正常工作,$L = \overline{A}$;当 $\overline{EN} = 1$ 时,T_{P2} 和 T_{N2} 均截止,无论 A 为高电平还是低电平,输出端均为高阻状态,其真值表如表题解 3.1.12 所示,该电路是低电平使能三态非门,其表示符号如图题解 3.1.12(a) 所示。

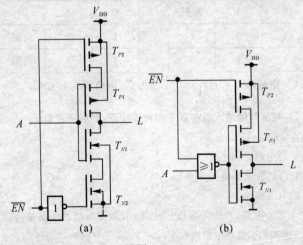

(a)　　　　　　(b)

图题 3.1.12

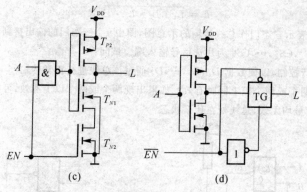

续图题 3.1.12

图题 3.1.12(b) 所示 CMOS 电路，$\overline{EN} = 0$ 时，T_{P2} 导通，或非门打开，T_{P1} 和 T_{N1} 构成反相器正常工作，$L = A$；当 $\overline{EN} = 1$ 时，T_{P2} 截止，或非门输出低电平，使 T_{N1} 截止，输出端处于高阻状态，该电路是低电平使能三态缓冲器，其表示符号如图题解 3.1.12(b) 所示。

同理可以分析图题 3.1.12(c) 和图题 3.1.12(d) 所示的 CMOS 电路，它们分别为高电平使能三态缓冲器和低电平使能三态非门，其表示符号分别如图题解 3.1.12(c) 和图题解 3.1.12(d) 所示。

$\overline{EN}$	A	L
0	0	1
0	1	0
1	0	高阻
1	1	

图题解 3.1.12(a)

$\overline{EN}$	A	L
0	0	0
0	1	1
1	0	高阻
1	1	

图题解 3.1.12(b)

EN	A	L
0	0	高阻
0	1	高阻
1	0	0
1	1	1

图题解 3.1.12(c)

$\overline{EN}$	A	L
0	0	1
0	1	0
1	0	高阻
1	1	高阻

图题解 3.1.12(d)

3.2.2 为什么说 TTL 与非门的输入端在以下四种接法下，都属于逻辑 1：

(1) 输入端悬空；

(2) 输入端接高于 2 V 的电源；

(3) 输入端接同类与非门的输出高电压 3.6 V；

(4) 输入端接 10 kΩ 的电阻到地。

解 (1) 参见教材图 3.2.4 电路，当输入端悬空时，T_1 管的集电结处于正偏，V_{CC} 作用于 T_1 的集电结和 T_2、T_3 管的发射结，T_2、T_3 饱和，T_2 管集电极电位 $V_{C2} = V_{CES2} + V_{BE3} = 0.2 + 0.7 = 0.9$ V，而 T_4 管若要导通 $V_{B2} = V_{C2} \geqslant V_{BE4} + V_D = 0.7 + 0.7 = 1.4$ V，故 T_4 截止。又因 T_3 饱和导通，故与非门输出为低电平。由以上分析，与非门输入端悬空时相当于输入逻辑 1。

（2）当与非门输入端接高于 2 V 的电源时，若 T_1 管的发射结导通，则 $V_{BE1} \geqslant 0.5$ V，T_1 管的基极电位 V_B $\geqslant 2 + C_1 = 2.5$ V。而 $V_{B1} \geqslant 2.1$ V 时，将会使 T_1 的集电结处于正偏，T_2，T_3 处于饱和状态，使 T_4 截止，与非门输出为低电平。故与非门输出端接高于 2 V 的电源时，相当于输入逻辑 1。

（3）与非门的输入端接同类与非门的输出高电平 3.6 V 输出时，若 T_1 管导通，则 $V_{B1} = 3.6 + 0.5 = 4.1$。而若 $V_{B1} > 2.1$ V 时，将使 T_1 的集电结正偏，T_2，T_3 处于饱和状态，这时 V_{B1} 被钳位在 2.4 V，即 T_1 的发射结不可能处于导通状态，而是处于反偏截止。由（1）（2），当 $V_{B1} \geqslant 2.1$ V，与非门输出为低电平。

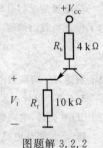

图题解 3.2.2

（4）与非门输入端接 10 kΩ 的电阻到地时，教材图 3.2.8 的与非门输入端相当于图题解 3.2.2 所示。这时输入电压为 $V_I = \dfrac{R_1}{R_1 + R_b}(V_{CC} - V_{BE}) = \dfrac{10}{10 + 4}(5 - 0.7) = 3.07$ V。若 T_1 导通，则 $V_{B1} = 3.07 + V_{BE} = 3.07 + 0.5 = 3.57$ V。但 V_{B1} 是个不可能大于 2.1 V 的。当 $V_{B1} = 2.1$ V 时，将使 T_1 管的集电结正偏，T_2，T_3 处于饱和，使 V_{B1} 被钳位在 2.1 V，因此，当 $R_1 = 10$ kΩ 时，T_1 将处于截止状态，由（1）这时相当于输入端输入高电平。

3.2.3　设有一个 74LS04 反相器驱动两个 74ALS04 反相器和四个 74LS04 反相器。（1）问驱动门是否超载？

（2）若超载，试提出一改进方案；若未超载，问还可增加几个 74LS04 门？

解　（1）根据题意，74LS04 为驱动门，同时它又是负载门，负载门中还有 74LS04。

从教材附录 A 查出 74LS04 和 74ALS04 的参数如下（不考虑符号）

74LS04：$I_{OL(max)} = 8$ mA，　$I_{OH(max)} = 0.4$ mA，　$I_{IH(max)} = 0.02$ mA

4 个 74LS04 的输入电流为：$4I_{IL(max)} = 4 \times 0.4 = 1.6$ mA

$$4I_{IH(max)} = 4 \times 0.02 = 0.08 \text{ mA}$$

2 个 74ALS04 的输入电流为：$2I_{IL(max)} = 2 \times 0.1 = 0.2$ mA

$$2I_{IH(max)} = 2 \times 0.02 = 0.04 \text{ mA}$$

1）拉电流负载情况下，74LS04 总的拉电流为两部分，即 4 个 74ALS04 的高电平输入电流的最大值 $4I_{IH(max)} = 0.08$ mA，电流之和为 $0.08 + 0.04 = 0.12$ mA。而 74LS04 能提供 0.4 mA 的拉电流，并不超载。

2）灌电流负载情况下，驱动门的总灌电流为 $1.6 + 0.2 = 1.8$ mA。而 74LS04 能提供 8 mA 的灌电流，也未超载。

（2）从上面分析计算可知，74LS04 所驱动的两类负载无论是灌电流还是拉电流均未超载。

3.2.4　图题 3.2.4 所示为集电极开路门 74LS03 驱动 5 个 CMOS 逻辑门，已知 OC 门输出管截止时的漏电流 $I_{OZ} = 0.2$ mA；$V_{IH(min)} = 4$ V，$V_{IL(max)} = 4$ V，$I_{IL} = I_{IH} = 1$ μA。试计算上拉电阻的值。

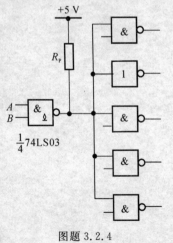

图题 3.2.4

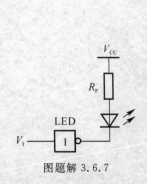

图题解 3.6.7

解　从教材附录 A 查得 74LS03 的参数为：$V_{OH(min)} = 2.7\ V$，$V_{OL(max)} = 0.5\ V$，$I_{OL(max)} = 8\ mA$。根据教材式(3.1.6)和式(3.1.7)可以计算出上拉电阻的值。

灌电流情况：74LS03 输出为低电平，

$$I_{IL(total)} = 5I_{IL} = 5 \times 0.001\ mA = 0.005\ mA$$

$$R_{P(min)} = \frac{V_{DD} - V_{OL(max)}}{I_{OL(max)} - I_{IL(total)}} = \frac{(5-4)\ V}{(8-0.005)\ mA} \approx 0.56\ k\Omega$$

拉电流情况：74LS03 输出为高电平，$I_{IH(total)} = 5I_{IH} = 5 \times 0.001\ mA = 0.005\ mA$，由于 $V_{OH(min)} < V_{IH(min)}$ 为了保证负载门的输入高电平，取 $V_{OH(min)} = 4\ V$，有

$$R_{P(max)} = \frac{V_{DD} - V_{OH(min)}}{I_{OL(total)} + I_{IH(total)}} = \frac{(5-4)\ V}{(0.2-0.005)\ mA} = 4.9\ k\Omega$$

综上所述，R_P 的取值范围为 $0.56\ k\Omega \sim 4.9\ k\Omega$。

3.6.7　设计一发光二极管(LED)驱动电路，设 LED 的参数为 $V_F = 2.5\ V$，$I_D = 4.5\ mA$；若 $V_{CC} = 5\ V$，当 LED 发亮时，电路的输出为低电平，选出集成门电路的型号，并画出电路图。

解　设驱动电路如图题解 3.6.7 所示，选用 74LS04 作为驱动器件，它的输出低电平电流 $I_{OL(max)} = 8\ mA$，$V_{OL(max)} = 0.5\ V$，电路中的限流电阻：

$$R_p = \frac{V_{CC} - V_F - V_{OL(max)}}{I_D} = \frac{(5-2.5-0.5)\ V}{4.5\ mA} \approx 444\ \Omega$$

第4章 组合逻辑电路

4.1 教学建议

组合逻辑电路此章节有两大块内容：分析、设计方法和常用中规模逻辑器件。两部分内容联系紧密，分析、设计方法是方法指导，器件的应用是方法的具体体现。由此形成了两条线索，方法与器件。教学上先讲分析、设计方法，再讲具体的器件。器件的学习以方法为指导，器件的应用体现方法。最终方法指导器件的学习，器件落实方法的学习。

4.2 主要概念

一、内容要点精讲

基本要求：熟练掌握基于门电路的组合逻辑电路的分析和设计方法，熟悉常用中规模集成电路的性能。掌握基于译码器、数据选择器的组合逻辑电路分析和设计方法。掌握编码器、数值比较器、算术运算电路器件的应用电路。掌握组合可编程逻辑器件 PLD 的结构、表示方法及分类，并可以用 PLD 实现。掌握用硬件描述语言描述常用组合逻辑电路。

内容要点：

1. 组合电路的概念

组合逻辑电路是指：任意时刻电路的输出状态只取决于该时刻输入信号的状态，而与先前电路的状态无关。

2. 组合逻辑电路的分析和设计

所谓组合逻辑电路的分析，是指分析给定逻辑电路的功能，写出它的逻辑函数式或功能表，以使逻辑功能更加直观、明了。给定的逻辑电路又可以分为两种类型，一种是用小规模集成门电路组成的，另外是用中规模集成常用组合逻辑电路组成的。

所谓组合逻辑电路的设计，是指根据要求实现逻辑功能，设计出实现这种逻辑功能的具体逻辑电路。一种类型是采用小规模集成门电路实现要求的逻辑功能，另一种类型则是采用中规模集成常用组合逻辑电路实现要求的逻辑功能。

分析步骤归纳如下：①写出电路的逻辑函数表达式；②对逻辑函数式进行适当的化简或变化；③列出真值表；分析说明电路的逻辑功能。

设计步骤如下：①进行逻辑规定；②列真值表并写出逻辑函数式；③对逻辑函数进行化简和变换；④画出电路图。

3. 中规模组合逻辑器件

（1）编码器。将二进制数码按一定规则组成代码表示一个特定对象，称为二进制编码。编码器是一个多输入、多输出的组合逻辑电路，将代表某意义的高低电平输入信号表示为二进制、十进制或其他代码的输出信号。n 位二进制代码最多可以表示 2^n 个事件，其编码称为 $2^n - n$ 线二进制编码器。

（2）译码器。译码器是编码器的逆过程，是将输入特定含意的二进制代码"翻译"成对应的输出信号。译码器是一种常用的组合功能电路，有通用译码器和显示驱动译码器两大类。若译码器有 n 个输入，则最多有 2^n 个输出，这种译码器被称为 $n-2^n$ 线译码器。若译码器只有一个输出为有效电平，其余输出为相反电平，这种译码电路称为唯一地址译码电路，也称为基本译码器，常用于计算机中对存储单元地址的译码。基本译码器除了完成译码的基本功能外，由于译码器的每个输出对应着一个地址输入变量的最小项，而任何逻辑函数都可以写为最小项之和的形式，因此可用这类译码器方便地构成多输出的逻辑函数发生器。此外译码器也常作为多路分配器使用。

（3）数据选择器。多路选择器用于从多路数据中选择其中一路数据传送出去，目前常用产品有 2 选 1、4 选 1、8 选 1、16 选 1 等，利用级联可以扩展数据选择器的字数和位数。数据选择器可以构成一个多输入变量的单输出逻辑函数的最小项输出器，实现组合逻辑设计。例如，实现三变量逻辑 1 函数 $F(A,B,C)$，可将变量 A，B，C 作为数据选择器的地址，而将对应于 F 最小项的数据输入端输入逻辑 1，其他数据输入端输入逻辑 0，则输出即为所得逻辑函数。实现四变量函数 $F(A,B,C,D)$，将 A,B,C 作为数据选择器的地址，而数据通道输入变量 D 的原变量或反变量。

（4）加法器。加法器是执行算术运算的重要部件，其主要功能是作多位运算。在数字系统中，二进制数的加、减、乘、除等运算都可以转换为若干步加法运算。本章中主要学习半加器、全加器、超前进位加法器。半加器没有考虑低位进位信号，全加器考虑了低位进位信号，可以用于多位二进制数加法。但全加器串联的加法器运算速度较慢，所以学习了超前进位加法器 283。

（5）比较器。在数字系统中，经常需要比较两个数的大小或是否相等，完成这一功能的逻辑器件称为比较器。

（6）竞争与冒险。任何实际的电路，从输入发生变化到引起输出响应，都要经历一定的延迟时间。如果把输入信号 A 及互补信号 $\overline{A}$ 都加到一个电路输入端，由于它们的延迟时间不同，有可能在电路的输出端产生瞬间逻辑错误的尖峰脉冲，称为竞争、冒险现象。

二、重点难点

教学重点：组合逻辑电路分析和设计方法；译码器的应用；数据选择器的应用；加法器的应用；数据比较器的应用。

教学难点：组合逻辑电路分析和设计方法；译码器的应用；数据选择器的应用。

4.3　例题

例 4.1　分析图 4.1 中所示的逻辑电路，其中 74LS151 为 8 选 1 数据选择器，要求写出输出函数 Z 的最简与-或表达式。

分析　题目要求列写输出 Z 的表达式，考查点还是在于数据选择器 151 的逻辑功能理解。151 的输出逻辑函数表达式为

$$Z = \sum_{i=0}^{7} m_i D_i$$

其中 m_i 为地址输入端变量的最小项，D_i 为 8 个数据输入端。所以解题可先列出地址输入端 A,B,C 的 8 个最小项之和，然后对应每个地址端（一个最小项对应一个数据输入端）的数据是 1,0,D 还是 $\overline{D}$，这样即可写出表达式，最终进行化简。

解　$Z = \overline{A}\,\overline{B}\,\overline{C}D + \overline{A}\,BCD + \overline{A}BC + A\overline{B}\,\overline{C}D + A\overline{B}CD + ABC\overline{D} =$

$$\overline{B}D + B\overline{C}\,\overline{D} + \overline{A}BC \quad (\text{或者} = \overline{B}D + B\overline{C}\,\overline{D} + \overline{A}CD)$$

【评注】 题中给出的方法是解决数据选择器应用题目的万能钥匙,可以称之为代入法,即先写出标准公式,然后代入题目的变量和输入,就可得出结论。

例 4.2 图 4.2 所示电路为超前进位加法器 74LS283 构成的代码转换器,若该代码转换器的输入 $ABCD$ 为 8421BCD 码,求其在 M 控制下输出何种代码。

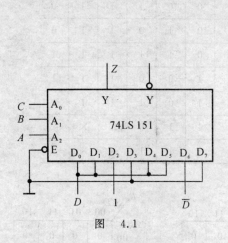

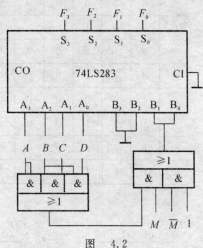

图 4.1 图 4.2

分析 题目要求分析出实现何种代码转换。对于 283 器件课堂中主要应用举例为代码转换,且题目已经明确说明由变量 M 来控制完成两种代码转换。M 和 $\overline{M}$ 分别控制一个与门,说明某一时刻只能是一个与门的结果输入到 B_1B_0。

当 $M = 1$ 时,$B_1B_0 = A + BC + BD$。当 $M = 0$ 时,$B_1B_0 = 1$。根据 283 功能就可得出结论。

解 当 $M = 1$ 时,$B_1B_0 = A + BC + BD$

输入 8421 码 0—4 时,$B_1B_0 = 0$

输入 8421 码 5—9 时,$B_1B_0 = 1$

所以此时将 8421 码转换为 5421 码。

当 $M = 0$ 时,$B_1B_0 = 1$,所以此时将 8421 码转换为余 3 码。

【评注】 题目考查点还是对于加法器逻辑功能的理解,只不过将两种代码转换结合在一起,基本分析思路不变。如果有同学将 M,A,B,C,D 理解为 5 变量列写真值表来分析逻辑功能的话,就比较复杂,且容易出错。

例 4.3 试用门电路设计一个水位报警电路,水位高度用 4 位二进制数 $ABCD$ 表示,二进制数的值即为水位高度,单位为米。当水位高于或等于 7 米时,白色指示灯 W 点亮,否则,白色指示灯熄灭;当水位高于或等于 9 米时,黄色指示灯 Y 开始亮,否则,黄色指示灯熄灭;当水位高于或等于 11 米时,红色指示灯 R 开始亮,否则,红色指示灯熄灭。另外,水位不可能上升至 14 米。要求:①列出真值表;②写出化简后的"与-或"逻辑表达式;③ 画出逻辑电路图。

分析 题目要求画出电路图,这是一个典型的组合逻辑电路设计题目。解题可按照设计步骤来做。首先进行逻辑抽象,找出逻辑变量和函数。题目中很明确,高度值 $ABCD$ 应该为输入变量,而指示灯为函数。其次可按照要求列写真值表,表达式,最终画出所要求的图形。

解 设输入变量用 A,B,C,D 表示,输出用 W,Y,R 表示,列真值表如表 4.1 所示。分别画出 W,Y,R 的卡诺图如图 4.3 ~ 图 4.5 所示,得

$$W = A + BCD, \quad Y = AB + AC + AD, \quad R = AB + ACD$$

则可得逻辑电路图如图 4.6 所示。

表 4.1

A	B	C	D	W	Y	R	A	B	C	D	W	Y	R
0	0	0	0	0	0	0	1	0	0	0	1	0	0
0	0	0	1	0	0	0	1	0	0	1	1	1	0
0	0	1	0	0	0	0	1	0	1	0	1	1	0
0	0	1	1	0	0	0	1	0	1	1	1	1	1
0	1	0	0	0	0	0	1	1	0	0	1	1	1
0	1	0	1	0	0	0	1	1	0	1	1	1	1
0	1	1	0	0	0	0	1	1	1	0	×	×	×
0	1	1	1	1	0	0	1	1	1	1	×	×	×

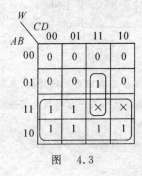
图 4.3

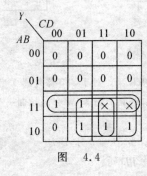
图 4.4

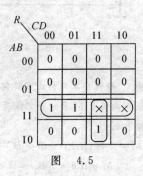
图 4.5

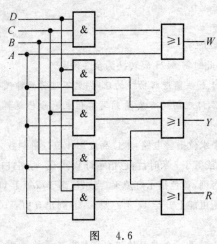
图 4.6

【评注】 题目考查点为组合逻辑电路的设计方法，只要按步骤做，一般不会出错。可能出错的地方是对于无关项的处理。

例 4.4 用一个 3 线－8 线译码器 74LS138 和与非门设计下列逻辑函数，要求画出连线图。74LS138 的逻辑符号如图 4.7 所示。

$$\begin{cases}F_1(A,B,C) = AC + A\overline{B}C + \overline{A}\,\overline{B}C \\ F_2(A,B,C) = \overline{A}\,\overline{B}C + A\overline{B}\,\overline{C} + BC\end{cases}$$

分析 题目要求画出电路图,这是一个典型的译码器应用题目。可将目标函数转换成最小项表达式,然后用与非门将对应输出端相连。

解 函数最小项表达式

$$\begin{cases}F_1(A,B,C) = AC + A\overline{B}C + \overline{A}\,\overline{B}C = \sum m(1,5,7) \\ F_2(A,B,C) = \overline{A}\,\overline{B}C + A\overline{B}\,\overline{C} + BC = \sum m(1,3,4,7)\end{cases}$$

则电路图如图 4.8 所示。

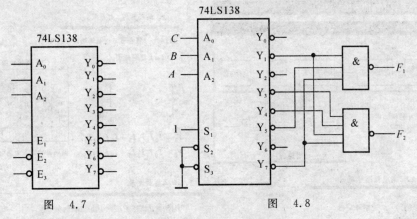

图 4.7　　　　　　　　　图 4.8

【评注】 有同学可能用或门相连,主要没有理解 74LS138 逻辑功能,输出是低电平有效。

例 4.5 某建筑物的自动电梯系统有 5 个电梯,其中 3 个是主电梯,2 个备用电梯。当上下人员拥挤,主电梯全被占用时,才允许使用备用电梯。现设计一个监控主电梯的逻辑电路,当任何 2 个主电梯运行时,产生一个信号(L_1),通知备用电梯准备运行;当 3 个主电梯都在运行时,则产生另一个信号(L_2),使备用电梯主电源接通,处于可运行状态。(提示:可以用数据选择器或译码器或全加器实现)

分析 题目考查点为组合逻辑电路的设计方法以及器件的使用,正如前面的分析,按步骤做。

解 设逻辑变量并赋值:设主电梯为 A,B,C,运行时为 1,不运行时为 0;备用电梯准备运行或电源接通时,L_1 或 L_2 为 1,否则为 0。

得逻辑真值表 4.2。

表 4.2

A	B	C	L_1	L_2
0	0	0	0	0
0	0	1	0	0
0	1	0	0	0
0	1	1	1	0
1	0	0	0	0
1	0	1	1	0
1	1	0	1	0
1	1	1	1	1

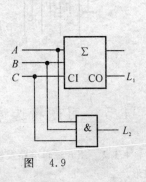

图 4.9

设计电路：注意到逻辑函数 L_1 刚好是全加器 CO 端输出的逻辑函数式，逻辑函数 L_2 可由 3 输入与门实现。因此用 1 个全加器和 1 个 3 输入与门电路实现最为简洁，电路图如图 4.9 所示。

用 8 选 1 数据选择器或 3-8 线译码器和与非门也能实现，这里略。

【评注】 这个题目考查全加器的灵活应用，有没有理解全加器的逻辑功能。类似的题目还有用半加器构成全加器。

4.4 参考用 PPT

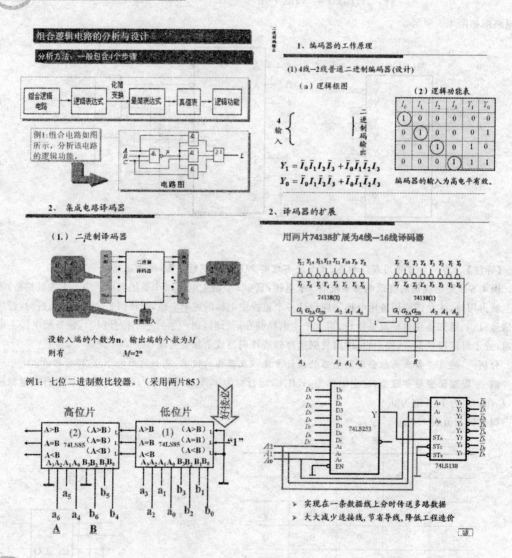

4.5 习题精选详解

4.1.2 组合逻辑电路及输入波形 $(A.B)$ 如图题 4.1.2 所示，试写出输出端的逻辑表达式并画出输出波形。

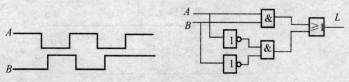

图题 4.1.2

解 由逻辑电路写出逻辑表达式

$$L = \overline{A}\,\overline{B} + AB$$

首先将输入波形分段,然后逐段画出输出波形。

当 A,B 信号相同时,输出为 1,不同时,输出为 0,得到输出波形,如图题解 4.1.2 所示。

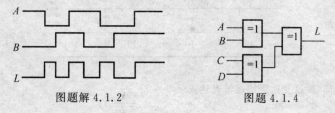

图题解 4.1.2

图题 4.1.4

4.1.4 试分析图题 4.1.4 所示逻辑电路的功能。

解 $L = A \oplus B \oplus C \oplus D$

当输入中有奇数个 1 时,输出为 1。

4.1.6 试分析图题 4.1.6 所示逻辑电路的功能。

解 $S = A \oplus B \oplus C$, $C_0 = \overline{\overline{C_i(A \oplus B)} \cdot \overline{AB}}$

可见是全加器。

4.1.7 试分析图题 4.1.7 所示逻辑电路的功能。

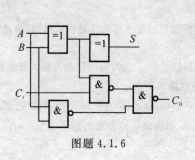

图题 4.1.6

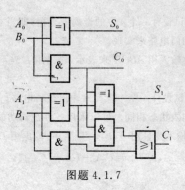

图题 4.1.7

解 $S_0 = A_0 \oplus B_0$, $C_0 = A_0 B_0$, $S_1 = A_1 \oplus B_1 \oplus C_0$, $C_1 = (A_1 \oplus B_1)C_0 + A_1 B_1$

可见是两位二进制数加法器。

4.2.1 试用 2 输入与非门设计一个 3 输入的组合逻辑电路。当输入的二进制码小于 3 时,输出为 0;输入大于或等于 3 时,输出为 1。

解 根据组合逻辑的设计过程,首先要确定输入输出变量,列出真值表。之后由卡诺图化简得到最简与或式,然后根据要求对表达式进行变换,画出逻辑图。

(1) 设入变量为 A,B,C,输出变量为 L,根据题意列真值表如表题解 4.2.1。

三导

表题解 4.2.1

A	B	C	L
0	0	0	0
0	0	1	0
0	1	0	0
0	1	1	1
1	0	0	1
1	0	1	1
1	1	0	1
1	1	1	1

(2) 由卡诺图化简，经过变换得到逻辑表达式

$$L = A + BC = \overline{\overline{A} \cdot \overline{BC}}$$

(3) 用 2 输入与非门实现上述逻辑表达式的逻辑电路如图题解 4.2.1 所示。

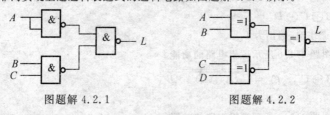

图题解 4.2.1　　　　　　　　　　图题解 4.2.2

4.2.2 试设计一个 4 位的奇偶效验器，即当 4 位数中有奇数个 1 时输出为 0，否则输出为 1。可以采用各种逻辑功能的门电路来实现。

解 4 位输入用 $ABCD$ 来表示，输出用 L 表示。根据题目的要求可知这是同或电路，电路图如图题解 4.2.2 所示。

4.2.3 试设计一个 4 输入、4 输出逻辑电路。当控制信号 $C = 0$ 时，输出状态与输入状态相反；$C = 1$ 时，输出状态与输入状态相同。可以采用各种逻辑功能的门电路来实现。

解 设输入变量用 A, B, C, D 表示，输出用 L_0, L_1, L_2, L_3 表示，C 为控制变量，则依题意，$C = 0, L_0 = \overline{A}, C = 1, L_0 = A$，即 $L_0 = \overline{C} \overline{A} + C A = C \ominus A = \overline{C \oplus A}$，得逻辑电路图如图题解 4.2.3 所示。

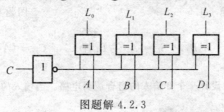

图题解 4.2.3

4.2.7 某足球评委会由一位教练和三位球迷组成，对裁判员的判罚进行表决。当满足以下条件时表决同意：有三人或三人以上同意，或者有两人同意，但其中一人是教练。试用 2 输入与非门设计该表决电路。

解 (1) 设一位教练和三位球迷分别用 A 和 B, C, D 表示，并且这些输入变量为 1 时表示同意，为 0 时表示不同意，输出 L 表示表决结果。L 为 1 时表示同意判罚，为 0 时表示不同意。由此列出真值表如表题解 4.2.7。

表题解 4.2.7

A	B	C	D	L
0	0	0	0	0
0	0	0	1	0
0	0	1	0	0
0	0	1	1	0
0	1	0	0	0
0	1	0	1	0
0	1	1	0	0
0	1	1	1	1
1	0	0	0	0
1	0	0	1	1
1	0	1	0	1
1	0	1	1	1
1	1	0	0	1
1	1	0	1	1
1	1	1	0	1
1	1	1	1	1

(2) 由真值表得出表达式,并化简得 $L = AB + AC + AD + BCD$

由于规定只能用 2 输入与非门,将上式变换为两变量的与非-与非运算式

$$L = \overline{\overline{AB} \cdot \overline{AC} \cdot \overline{AD} \cdot \overline{BCD}} = \overline{\overline{AB} \cdot \overline{AC} \cdot \overline{\overline{AD} \cdot B} \cdot \overline{CD}}$$

(3) 根据 L 的逻辑表达式画出由 2 输入与非门组成的逻辑电路如图题解 4.2.7 所示。

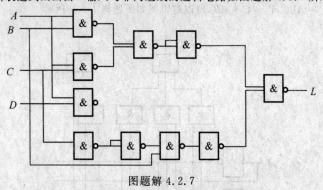

图题解 4.2.7

4.2.8　设计一 2 位二进制相加的逻辑电路,可以用任何门电路实现。

解　使用两个全加器可实现,电路图如图题解 4.2.8 所示。

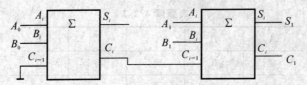

图题解 4.2.8

4.2.9 某雷达站有3部雷达A,B,C，其中A和B功率消耗相等，C的功率消耗是A的2倍。这些雷达由2台发电机X和Y供电，发电机X的最大输出功率等于雷达A的功率消耗，发电机Y的最大功率是X的3倍。要求设计一个逻辑电路，能够根据各雷达的启动和关闭信号，以最节约电能的方式启、停发电机。

解 当A,B或C为1时，表示A,B或C的启动状态；A,B或C为0时，表示A,B或C的关闭状态。当X或Y为1时，表示启动电机X或Y；当X或Y为0时，表示发电机X或Y停机。由功耗、功率关系：

$$P_C = 2P_A = 2P_B \qquad P_X = P_A \qquad P_Y = 3P_X$$

当只开A或B时，要求X供电；A,B同时开或开C时，要求Y供电；A,C同时开或B,C同时开，也要Y供电；A,B,C一起开，要X,Y一同供电。真值表如表题解 4.2.9 所示。

表题解 4.2.9

A	B	C	X	Y
0	0	0	0	0
0	0	1	0	1
0	1	0	1	0
0	1	1	0	1
1	0	0	1	0
1	0	1	0	1
1	1	0	0	1
1	1	1	1	1

$X = \overline{A}B\overline{C} + A\overline{B}\,\overline{C} + ABC,Y = C + AB$，所以逻辑图如图题解 4.2.9 所示。

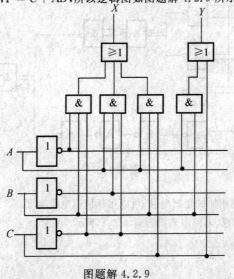

图题解 4.2.9

4.3.3　判断图题 4.3.3 所示电路在什么条件下产生竞争冒险,怎样修改电路能消除竞争冒险?

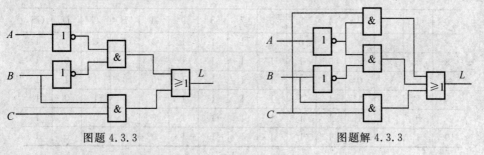

图题 4.3.3　　　　　　　　　　　　　　　图题解 4.3.3

解　根据电路图写出逻辑表达式并化简得 $L = \overline{A}\,\overline{B} + BC$。

当 $A = 0$, $C = 1$ 时, $L = \overline{B} + B$ 有可能产生竞争冒险,为消除可能产生的竞争冒险,增加乘积项使 $\overline{A}C$, 使 $L = \overline{A}\,\overline{B} + BC + \overline{A}C$, 修改后的电路如图题解 4.3.3 所示。

4.4.2　试用与非门设计—4 输入的优先编码器,要求输入、输出及工作状态标志均为高电平有效。列出真值表,画出逻辑图。

解　设输入序号为 $I_3 I_2 I_1 I_0$, 输出代码为 Y_1, Y_0, 工作标志为 GS, 根据题表列出真表,如表题解 4.2.2。

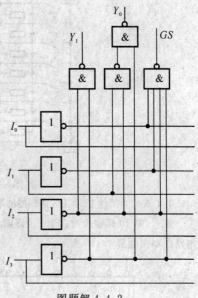

图题解 4.4.2

表题解 4.4.2

I_3	I_2	I_1	I_0	Y_1	Y_0	GS
1	×	×	×	1	1	0
0	1	×	×	1	0	1
0	0	1	×	0	1	1
0	0	0	1	0	0	1
0	0	0	0	0	0	0

根据真值表求出表达式

$$Y_1 = I_2 + I_3 = \overline{\overline{I_2}\,\overline{I_3}}$$

$$Y_0 = I_3 + I_1\,\overline{I_2} = \overline{\overline{I_3} \cdot \overline{\overline{I_2}I_1}}$$

$$GS = I_3 + I_2 + I_1 + I_0 = \overline{\overline{I_3} \cdot \overline{I_2} \cdot \overline{I_1} \cdot \overline{I_0}}$$

电路图如图题解 4.4.2 所示。

4.4.4　试用 74HC147 设计键盘编码电路,10 个按键分别对应十进制数 0～9,编码器的输出为 8421BCD 码。要求按键 9 的优先级别最高,并且有工作状态标志,输出高电平有效,以说明没有按键按下和按键 0 按下两种情况。

解　真值表如表题解 4.4.4 所示。

表题解 4.4.4

0	1	2	3	4	5	6	7	8	9	A	B	C	D	GS
1	1	1	1	1	1	1	1	1	0	0	0	0	0	0
×	×	×	×	×	×	×	×	×	0	1	0	0	1	1
×	×	×	×	×	×	×	×	0	1	1	0	0	0	1
×	×	×	×	×	×	×	0	1	1	0	1	1	1	1
×	×	×	×	×	×	0	1	1	1	0	1	1	0	1

续 表

0	1	2	3	4	5	6	7	8	9	A	B	C	D	GS
×	×	×	×	×	0	1	1	1	1	0	1	0	1	1
×	×	×	×	0	1	1	1	1	1	0	1	0	0	1
×	×	×	0	1	1	1	1	1	1	0	0	1	1	1
×	×	0	1	1	1	1	1	1	1	0	0	1	0	1
×	0	1	1	1	1	1	1	1	1	0	0	0	1	1
0	1	1	1	1	1	1	1	1	1	0	0	0	0	1

电路图如图题解 4.4.4 所示。

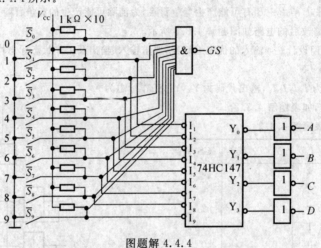

图题解 4.4.4

4.4.5 为了使 74HC138 译码器的第 10 脚输出为低电平,试标出各输入端应置的逻辑电平。

解 第 10 脚输出对应于 Y_5,即输入应为 $(101)_2$,所以 $ABC = 101$,此外 $G_1 = 1,G_{2A} = G_{2B} = 0$,其逻辑电路图如图题解 4.4.5 所示。

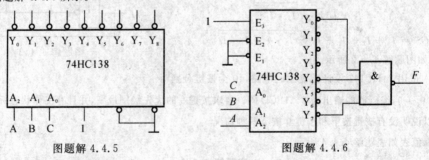

图题解 4.4.5　　　　　　　　　　图题解 4.4.6

4.4.6 用译码器 74HC138 和适当的逻辑门实现函数 $F = \overline{A}\,\overline{B}\,\overline{C} + A\overline{B}\,\overline{C} + AB\overline{C} + ABC$。

解 将函数式变换为最小项之和的形式

$$F = \overline{A}\,\overline{B}\,\overline{C} + A\overline{B}\,\overline{C} + AB\overline{C} + ABC = m_0 + m_4 + m_5 + m_7$$

将输入变量 A,B,C 分别接入 A_2,A_1,A_0 端,并将使能端接有效电平。由于 74HC138 是低电平有效输出,所以将最小项变换为反函数的形式

$$L = L = \overline{\overline{m_0 \cdot m_4 \cdot m_5 \cdot m_7}} = \overline{\overline{Y_0} \cdot \overline{Y_4} \cdot \overline{Y_5} \cdot \overline{Y_7}}$$

在译码器的输出端加一个与非门,实现给定的组合函数。逻辑电路图如图题解 4.4.6 所示。

4.4.7 试用一片 74HC138 实现函数 $L(A,B,C,D) = A\overline{B}\overline{C} + ACD$。

解 $L = A\overline{B}\overline{C}\,\overline{D} + A\overline{B}\overline{C}D + A\overline{B}CD + ABCD =$

$$\overline{\overline{A\overline{B}\overline{C}\,\overline{D}} \cdot \overline{A\overline{B}\overline{C}D} \cdot \overline{A\overline{B}CD} \cdot \overline{ABCD}}$$

和 74HC138 输出端表达式对比,得

$$E_1 = A, \quad A_2 A_1 A_0 = BCD$$

电路图如图题解 4.4.7 所示。

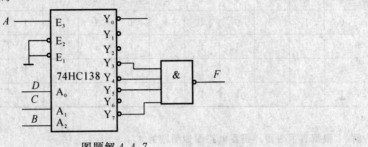

图题解 4.4.7

4.4.8 2 线 —4 线译码器 74HC139 的输入为高电平有效,使能输入及输出均为低电平有效。试用 74HC139 构成 4 线 —16 线译码器。

解 每片 74HC139 中有两个 2—4 译码器,所以 3 片 74×139 才能构成 4 线 —16 线译码器,连接方法如图题解 4.4.8 所示。

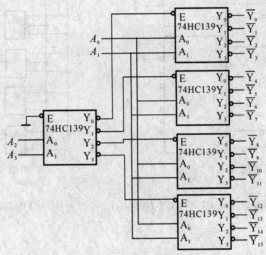

图题解 4.4.8

4.4.9 译码器的真值表如表题 4.4.9 所示,试用 74HC138 实现译码器。

表题 4.4.9

D	C	B	A	$\overline{0}$	$\overline{1}$	$\overline{2}$	$\overline{3}$	$\overline{4}$	$\overline{5}$	$\overline{6}$	$\overline{7}$	$\overline{8}$	$\overline{9}$
0	0	0	0	0	1	1	1	1	1	1	1	1	1
0	0	0	1	1	0	1	1	1	1	1	1	1	1
0	0	1	0	1	1	0	1	1	1	1	1	1	1

续　表

D	C	B	A	$\bar{0}$	$\bar{1}$	$\bar{2}$	$\bar{3}$	$\bar{4}$	$\bar{5}$	$\bar{6}$	$\bar{7}$	$\bar{8}$	$\bar{9}$
0	0	1	1	1	1	1	0	1	1	1	1	1	1
D	C	B	A	0	1	2	3	4	5	6	7	8	9
0	1	0	0	1	1	1	1	0	1	1	1	1	1
0	1	0	1	1	1	1	1	1	0	1	1	1	1
0	1	1	0	1	1	1	1	1	1	0	1	1	1
0	1	1	1	1	1	1	1	1	1	1	0	1	1
1	0	0	0	1	1	1	1	1	1	1	1	0	1
1	0	0	1	1	1	1	1	1	1	1	1	1	0

解　根据真值表得译码器电路图如图题解 4.4.9 所示。

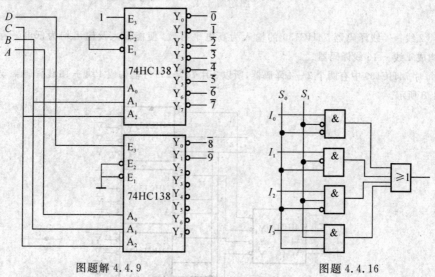

图题解 4.4.9　　　　　　　　　图题解 4.4.16

4.4.16　数据选择器如图题 4.4.16 所示，当 $I_3 = 0, I_2 = I_1 = I_0 = 1$ 时，有 $L = \overline{S_1} + S_1\overline{S_0}$ 的关系，证明该逻辑表达式的正确性。

解　根据图有表达式：

$$L = \overline{S_1}\,\overline{S_0}I_0 + \overline{S_1}S_0I_1 + S_1\overline{S_0}I_2 + S_1S_0I_3$$

当 $I_3 = 0, I_2 = I_1 = I_0 = 1$ 时

$$L = \overline{S_1}\,\overline{S_0} + \overline{S_1}S_0 + S_1\overline{S_0} = \overline{S_1} + S_1\overline{S_0}$$

4.4.17　应用图题 4.4.16 所示的电路产生逻辑函数 $F = S_1 + S_0$。

解　根据表达式 $L = \overline{S_1}\,\overline{S_0}I_0 + \overline{S_1}S_0I_1 + S_1\overline{S_0}I_2 + S_1S_0I_3$

因为 $F = S_1 + S_0 = S_1\overline{S_0} + S_1S_0 + \overline{S_1}S_0$

令 $I_0 = 0, I_1 = I_2 = I_3 = 1$，可得 $F = S_1 + S_0$。

4.4.19　试用 4 选 1 数据选择器 74HC153 产生逻辑函数 $L(A,B,C) = \sum m(1,2,6,7)$。

解　74HC153 的功能表如教材中表解 4.4.19 所示。根据表达式列出真值表如表题解 4.4.19 所示。将

变量 A,B 分别接入地址选择输入端 S_1,S_0,变量 C 接入输入端。从表中可以看出输出 L 与变量 C 之间的关系,当 $AB = 00$ 时,$L = C$,因此数据端 I_0 接 C;当 $AB = 01$ 时,$L = \overline{C}$,I_1 接 $\overline{C}$;当 AB 为 10 和 11 时,L 分别为 0 和 1,数据输入端 I_2 和 I_3 分别接 0 和 1。由此可得逻辑函数产生器如图题解 4.4.19 所示。

表题解 4.4.19

输入			输出	
A	B	C	L	
0	0	0	0	$L = C$
0	0	1	1	
0	1	0	0	$L = \overline{C}$
0	1	1	0	
1	0	0	0	0
1	0	1	0	
1	1	0	1	1
1	1	1	1	

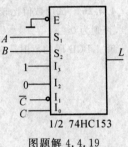

图题解 4.4.19

4.4.21 用 74HC151 实现如下逻辑函数。

解 (1)$F = AB\overline{C} + ABC + \overline{A}\,\overline{B}C = m_4 + m_5 + m_1$

$D_1 = D_4 = D_5 = 1$,其他为 0。电路图如图题解 4.4.21(a)所示。

(2)$Y = A \oplus B \oplus C = m_1 + m_2 + m_4 + m_7$

$D_1 = D_2 = D_4 = D_7 = 1$,其他为 0。电路图如图题解 4.4.2(b)所示。

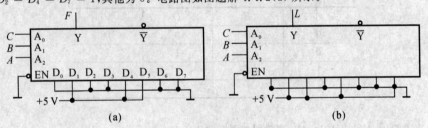

图题解 4.4.21

4.4.23 试用三个 3 输入端与门和一个或门实现 $A > B$ 的比较电路,A 和 B 均为 2 位二进制数。

解 设两位数用 A_1A_0 和 B_1B_0 表示,根据比较的基本原理

$$F_{A>B} = F_{A_1 > B_1} + F_{(A_1 = B_1)(A_0 > B_0)} = A_1\overline{B_1} + (A_1 \odot B_1)A_0\overline{B_0} = A_1\overline{B_1} + A_0\overline{B_1}\,\overline{B_0} + A_1A_0\overline{B_0}$$

得电路图如图题解 4.4.23 所示。

4.4.25 试设计一个 8 位相同数值比较器,当两数相等时,输出 $L = 1$,否则 $L = 0$。

解 8 位相同数值比较器,则要求:

$A_i = B_i(i = 0,1,2,\cdots,7)$ 成立时,$L = 1$,否则 $L = 0$

$$L = \overline{A_0 \oplus B_0} \cdot \overline{A_1 \oplus B_1} \cdots \overline{A_7 \oplus B_7}$$

得电路图如图题解 4.4.25 所示。

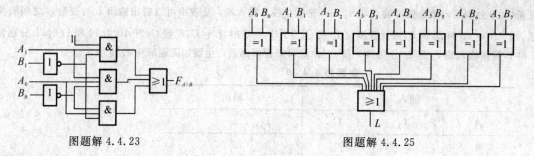

图题解 4.4.23   图题解 4.4.25

4.4.26 试用数值比较器 74HC85 设计一个 8421BCD 码有效性测试电路,当输入为 8421BCD 码时,输出为 1,否则为 0。

解 BCD 码的范围是 $0000 \sim 1001$,即所有有效的 BCD 码小于 1010,电路图如图题解 4.4.26 所示。

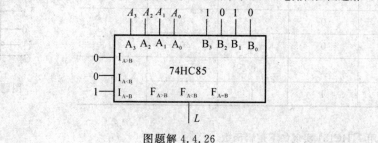

图题解 4.4.26

4.4.30 仿照半加器和全加器的设计方法,试设计一半减器和一全减器,所用门电路由自己选定。

解 设被减数为 A,减数为 B,差为 D,借位为 V,一位二进制半减器真值表如表题解 4.4.30(a) 所示。

表题解 4.4.30(a)

A	B	D	V
0	0	0	0
0	1	1	1
1	0	1	0
1	1	0	0

写出表达式 $D = A \oplus B$,$V = \overline{A}B$,逻辑图如图题解 4.4.30(a) 所示。

一位全减器被减数为 A,减数为 B,低位的借位信号为 C,差为 D,借位为 V,真值表如表题解 4.4.30(b) 所示。

表题解 4.4.30(b)

A	B	C	D	V
0	0	0	0	0
0	0	1	1	1
0	1	0	1	1
0	1	1	0	1
1	0	0	1	0
1	0	1	0	0
1	1	0	0	0
1	1	1	1	1

写出表达式

$$D = A \oplus B \oplus C, V = \overline{AB} + \overline{B \oplus A} \cdot C$$

逻辑图如图题解 4.4.30(b) 所示。

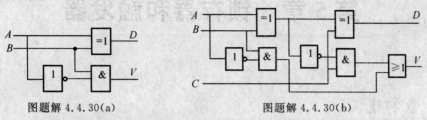

图题解 4.4.30(a)　　　　　　　　　图题解 4.4.30(b)

4.4.31 由 4 位数加法器 74HC283 构成的逻辑电路如图题 4.4.31 所示, M 和 N 为控制端,试分析该电路的功能。

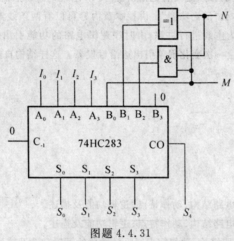

图题 4.4.31

解 根据图题 4.4.31 所示电路写出 $B_3 \sim B_0$ 的表达式: $B_0 = M, B_1 = M \oplus N, B_2 = MN, B_3 = 0$,根据 MN 的不同取值,确定加法器 74HC283 的输入端 $B_3 B_2 B_1 B_0$ 的值。当 $MN = 00$ 时,加法器 74HC283 的输入端 $B_3 B_2 B_1 B_0 = 0000$,则加法器的输出为 $S = I$。当 $MN = 01$ 时,输入端 $B_3 B_2 B_1 B_0 = 0010$,加法器的输出 $S = I + 2$。同理,可分析其他情况,如表题解 4.4.31 所示。

表题解 4.4.31

M	N	$B_3 B_2 B_1 B_0$	S	M	N	$B_3 B_2 B_1 B_0$	S
0	0	0 0 0 0	$I+0$	1	0	0 0 1 1	$I+3$
0	1	0 0 1 0	$I+2$	1	1	0 1 0 1	$I+5$

该电路为可控制的加法电路。

第 5 章　锁存器和触发器

5.1　教学建议

　　锁存器和触发器是构成各种时序逻辑电路的基础,它们和逻辑门一样,是数字系统中的基本逻辑单元电路,它们区别于逻辑门的最主要的特点是具有记忆功能,可以存储1位二值信息。在分析锁存器和触发器工作原理的过程中,重在让学生体会"记忆功能"。讲授本章内容可以有两条线索:触发器的电路结构和逻辑功能。可以从锁存器的电路结构为主线进行讲解,由时序逻辑电路的功能引出基本 RS 锁存器,同步 RS 锁存器。由空翻引出主从触发器。由一次变化现象引出边沿触发器。这样结构自然、合理,思路比较清楚。

5.2　主要概念

一、内容要点精讲

　　基本要求:

　　(1)理解基本 RS 锁存器的电路结构、动作特点、逻辑功能及描述。

　　(2)了解同步 RS 锁存器的电路结构、动作特点、逻辑功能及描述。

　　(3)理解主从式触发器的电路结构、动作特点,JK 触发器的逻辑功能及描述。

　　(4)理解边沿触发式触发器的动作特点,维持—阻塞 D 触发器的工作原理、动作特点、逻辑功能及描述,负沿触发的 JK 触发器。

　　(5)触发器的分类及其逻辑功能的描述和转换。

　　(6)了解触发器的动态特性。

　　知识点归纳:

　　1.锁存器和触发器的电路结构与工作原理

　　按电路结构分类,可分成:基本 RS 锁存器、同步 RS 锁存器、主从触发器和边沿触发器等。其中,边沿触发器又可分为维持—阻塞边沿触发器和利用传输延迟的边沿触发器等。不同的电路结构,决定了触发器有不同的触发翻转方式。

　　(1)基本 RS 锁存器。用两与非门构成的基本 RS 锁存器的逻辑符号如图 5.1 所示。

　　基本 RS 锁存器的 S 置 1 端和 R 置 0 端能锁存直接改变 Q 和 $\overline{Q}$ 的状态,S 和 R 两输入端上的小圆圈表示它们是低电平有效,即 $S=0,R=1$ 时,$Q=1,\overline{Q}=0$;$S=1,R=0$ 时,$Q=0,\overline{Q}=1$;当 $S=R=0$ 时,$Q=\overline{Q}=1$,在两输入信号都同时回到 1 后,锁存器的状态不能确定,因此要避免 $S=R=0$。

　　基本 RS 锁存器是构成其他锁存器和触发器的基础。

　　(2)同步 RS 锁存器。其逻辑符号如图 5.2 所示。

　　同步 RS 锁存器在 $E=1$ 的全部时间内,S、R 数据输入端的变化都会引起锁存器状态的相应变化。因此,在 $E=1$ 期间,同步 RS 锁存器的状态可能发生多次翻转,即存在空翻现象。另外同步 RS 锁存器的 S、R 之间有约束,即 $S \cdot R = 0$。

(3) 主从触发器。主从触发器分为主触发器和从触发器。主触发器接收输入信号,从触发器的状态为主从触发器的状态。在 $CP = 1$ 时,从触发器被封锁,状态不变,主触发器状态跟随输入信号变化;在 CP 的下降沿及 $CP = 0$ 期间,主触发器被封锁,状态不变,而从触发器跟随主触发器状态,主从触发器分时交替工作。

主从触发器,有主从 RS 触发器、D 触发器等,其逻辑符号如图 5.3 所示。

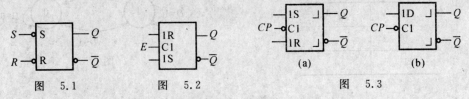

图　5.1　　　　　图　5.2　　　　　图　5.3

(4) 边沿触发器。这种触发器的次态仅仅取决于 CP 的下降沿或上升沿到达时输入信号的状态,而在之前或之后的输入状态的变化对触发器的次态无影响。因此,提高了触发器的可靠性,是目前理想的触发器。

边沿触发器的逻辑符号与主从触发器不同,如图 5.4 所示,(a) 图为下降沿触发边沿 D 触发器,(b) 图为上升沿触发边沿 JK 触发器。

图　5.4

2.触发器的功能

按功能分类,触发器可分为 RS 触发器、JK 触发器、D 触发器和 T 触发器等。它们可以用特性表、特征方程或状态转换图来描述。

(1)RS 触发器。其特性表为表 5.1。

表　5.1

R	S	Q^{n+1}
0	0	Q^n
0	1	1
1	0	0
1	1	不定

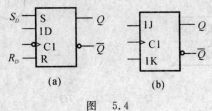

图　5.5

特征方程为

$$\begin{cases} Q^{n+1} = S + \overline{R}Q^n \\ R \cdot S = 0 \end{cases}$$

状态转换图如图 5.5 所示。

(2)JK 触发器。其特性表为表 5.2。

表　5.2

J	K	Q^{n+1}
0	0	Q^n
0	1	0
1	0	1
1	1	$\overline{Q^n}$

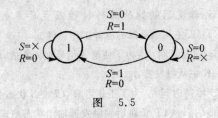

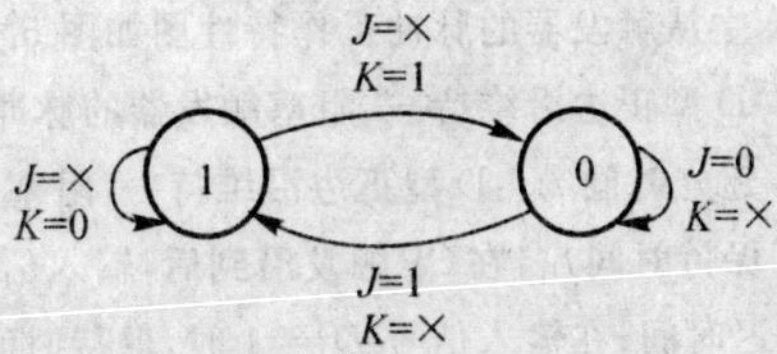

图　5.6

特征方程为
$$Q^{n+1} = J\overline{Q^n} + \overline{K}Q^n$$

状态转换图如图5.6所示。

（3）D触发器。其特性表为表5.3。

表 5.3

D	Q^{n+1}
0	0
1	1

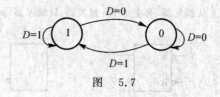

图 5.7

特征方程为
$$Q^{n+1} = D$$

状态转换图如图5.7所示。

（4）T触发器。其特性表为表5.4。

表 5.4

T	Q^{n+1}
0	Q^n
1	$\overline{Q^n}$

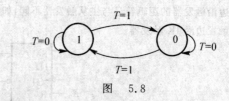

图 5.8

特征方程为
$$Q^{n+1} = T\overline{Q^n} + \overline{T}Q^n$$

状态转换图如图5.8所示。

值得注意的是,触发器的电路形式和逻辑功能是两个不同的概念,具有某种功能的触发器可以用不同的电路结构实现(如有主从JK和边沿JK);同一电路结构的触发器也可构成不同的逻辑功能(如主从RS和主从JK)。电路结构不同,则触发器的触发翻转方式不同,逻辑功能不同,则特性表、特征方程和状态转换图均不相同。

3.触发器的脉冲工作特性及主要参数

（1）JK主从触发器的脉冲工作特性。

1）建立时间 t_{set}:为了使输入信号加入有效,输入信号应比CP时钟信号提前 t_{set} 到达,t_{set} 称为建立时间。对于JK主从触发器,$t_{set}=0$。

2）维持时间 t_H:为了工作可靠,CP的1状态必须保持一段时间,直到主触发器输出稳定,这段时间称为维持时间 t_{CPH};从CP负跳沿到触发器输出状态稳定,也需要一定的延时时间 t_{CPL}。JK主从触发器的 t_{CPH} 应大于一级与门和三级与非门的传输延迟时间。

3）传输延迟时间:把从时钟脉冲触发沿开始到一个输出端由0变1所需的延迟时间称为 t_{CPLH};而把从时钟脉冲触发沿开始到一个输出端由1变0所需的延迟时间称为 t_{CPHL}。为了使触发器可靠翻转,应使 $t_{CPL} > t_{CPHL}$。

4）最高时钟频率(最小工作周期):JK主从触发器要求的最小工作周期为 $T_{min} = t_{CPH} + t_{CPL}$。

JK主从触发器的脉冲工作特性图如图5.9所示。

（2）D型正边沿维持—阻塞触发器的脉冲工作特性。

1）建立时间 t_{set}:D型正边沿维持—阻塞触发器的建立时间 t_{set} 为两级与非门的延迟时间。

2）保持时间 t_H:在CP触发沿到后,输入信号需要维持的时间,在输入信号 $D=0$ 时,保持时间为一级与非门的延迟时间;在输入信号 $D=1$ 时,保持时间为零。

3）传输延迟时间:为了使触发器可靠翻转,$t_{CPH} > t_{CPHL}$,而 t_{CPHL} 为三级与非门的延迟时间。

（3）集成触发器的主要参数。

1) 直流参数：① 电源电流 I_{CC}；② 低电平输入电流（输入短路电流）I_{IL}；③ 高电平输入电流 I_{IH}；④ 输出高电平 V_{OH} 和输出低电平 V_{OL}。

2) 开关参数：① 最高时钟频率 f_{max}；② 对时钟信号的延迟时间（t_{CPLH} 和 t_{CPHL}）；③ 对直接置 0(R_D) 或置 1(S_D) 端的延迟时间。

D 型正边沿维持阻塞触发器的脉冲工作特性图如图 5.10 所示。

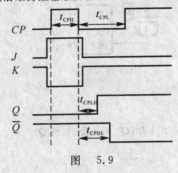

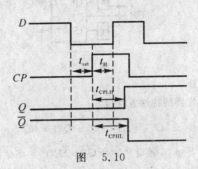

图　5.9　　　　　　　　　　　图　5.10

4. 各种触发器间逻辑功能的转换

触发器按功能可以分为 RS 触发器、JK 触发器、D 触发器、T 触发器等几种类型。其中，不同触发器之间的功能是可以转换的。

(1) 用 JK 触发器转换成其他功能的触发器。

1) JK → D

JK 触发器的特征方程：$Q^{n+1} = J\overline{Q^n} + \overline{K}Q^n$

D 触发器的特征方程：$Q^{n+1} = D = D(\overline{Q^n} + Q^n) = D\overline{Q^n} + DQ^n$

比较以上两式可得，$J = D, K = \overline{D}$。

JK → D 逻辑转换图如图 5.11 所示。

2) JK → T

T 触发器的特性方程：$Q^{n+1} = T\overline{Q^n} + \overline{T}Q^n$

与 JK 触发器的特性方程比较得 $J = T, K = T$

JK → T 逻辑转换图如图 5.12 所示。

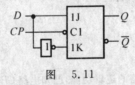

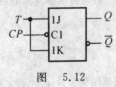

图　5.11　　　　　　　　　　　图　5.12

(2) 用 D 触发器转换成其他功能的触发器（见教材[1] 5.4.5 小节的内容）。

(3) 用小规模逻辑门辅助，将主从 RS 触发器转换成 T 触发器，JK 触发器和 D 触发器。

1) RS → T

RS 触发器的特性方程为 $\begin{cases} Q^{n+1} = S + \overline{R}Q^n \\ S \cdot R = 0 \end{cases}$

T 触发器的特性方程为 $Q^{n+1} = T\overline{Q^n} + \overline{T}Q^n$

比较以上两式可得 $S = T\overline{Q^n}, R = T$。

但由于 T 触发器是没有约束条件的，所以，若按上面的激励方程来构成转换电路，则出现 $T = 1$，同时 $Q^n = 0$ 时，将有 $S = T\overline{Q^n}, R = S = 1$，这就违背了 RS 触发器的约束条件，故应当适当修改。

修改方法：将 T 触发器的特性方程作适当变换

$$Q^{n+1} = T\overline{Q^n} + \overline{T}Q^n = T\overline{Q^n} + \overline{T}Q^n + \overline{Q^n}Q^n = T\overline{Q^n} + \overline{TQ^n}Q^n$$

将变换后的方程再与 RS 触发器的特性方程相比较，可得

$$S = T\overline{Q^n}, \quad R = TQ^n$$

则必有 $R \cdot S = 0$ 成立，这就不违背 RS 触发器的约束条件。如图 5.13 所示为 RS → T 转换的逻辑图。

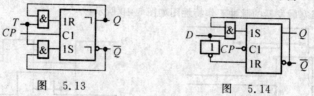

图　5.13　　　　　　　　　　　　图　5.14

2）RS → JK

由 RS 触发器的特性方程得

$$Q^{n+1} = S \cdot (Q^n + \overline{Q^n}) + \overline{R}Q^n = S\overline{Q^n} + (S + \overline{R})Q^n = S\overline{Q^n} + \overline{\overline{S}R}Q^n$$

由于 $R \cdot S = 0$，则 $Q^{n+1} = S\overline{Q^n} + \overline{\overline{S}R}Q^n = S\overline{Q^n} + \overline{R}Q^n$

比较可得 $S = J, R = K$。

3）RS → D

D 触发器的特性方程为：$Q^{n+1} = D = D\overline{Q^n} + DQ^n$

与主从 RS 触发器的特性方程比较得

$$S = D\overline{Q^n}, R = \overline{D}$$

如图 5.14 所示为 RS → D 转换的逻辑图。

三、重点、难点

教学难点：(1) 主从触发器电路结构和工作原理。

　　　　　 (2) 维持 — 阻塞边沿触发器电路结构和工作原理。

教学重点：(1) 基本 RS 锁存器电路结构和工作原理。

　　　　　 (2) 同步 RS 锁存器电路结构和工作原理。

　　　　　 (3) 主从触发器电路结构和工作原理。

　　　　　 (4) 维持 — 阻塞边沿触发器电路结构和工作原理。

5.3　例题

例 5.1　JK 触发器组成图例 5.1(a)电路。试分析电路的逻辑功能，已知电路 CP 和 A 的输入波形如图例 5.1(b) 所示。设 Q 输出初态为 0，画出 Q 的波形。

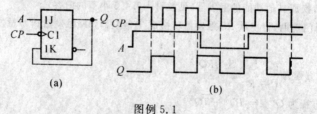

(a)　　　　　　　　　　　　　　(b)

图例 5.1

解　本题的目的是练习触发器间的功能转换。本题电路把 JK 触发器的 1K 接到了 Q 端，把 $1J = A, K = Q$ 带入 JK 触发器的特性方程，有

$$Q^{n+1} = J\overline{Q^n} + \overline{K}Q^n = A\overline{Q^n}$$

显然,当 $A = 1$ 时,电路为 T 触发器,当 $A = 0$ 时,$Q^{n+1} = 0$,输入信号 A 相当于同步清零信号。画出 Q 的波形如图例 5.1(b) 所示。

例 5.2 在不增加电路的条件下,将 JK,D 和 T 触发器适当连接,构成二分频电路,并画出它们的电路图。

解 本题的目的是练习利用常用触发器构成二分频电路。把 $Q^{n+1} = \overline{Q^n}$ 与各触发器的特性方程比较,有

JK:$Q^{n+1} = J\overline{Q^n} + \overline{K}Q^n$,令 $J = K = 1$,$Q^{n+1} = \overline{Q^n}$。

D:$Q^{n+1} = D$,令 $D = \overline{Q}$,$Q^{n+1} = \overline{Q^n}$。

T:$Q^{n+1} = T\overline{Q^n} + \overline{T}Q^n$,令 $T = 1$,$Q^{n+1} = \overline{Q^n}$。

画出它们的二分频电路图如图例解 5.2 所示。

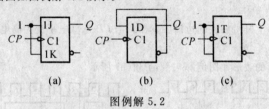

图例解 5.2

【**评注**】 本题的目的是练习利用常用触发器构成二分频电路。

例 5.3 试分析图例 5.3 所示维持—阻塞边沿 D 触发器的工作原理。

解 本题目的是分析维持—阻塞边沿 D 触发器的工作原理。电路中 $\overline{R}_D$ 和 $\overline{S}_D$ 接至基本 RS 锁存器的输入端,它们分别是异步清零和置 1 信号。D 触发器正常工作时,它们均加入高电平,此时电路工作过程分析如下:

(1)$CP = 1$ 时,与非门 G_3 和 G_4 被封锁,其输出 $Q_3 = Q_4 = 1$,此时触发器的状态保持不变。同时,由于 Q_3 至 Q_5 和 Q_4 至 Q_6 的反馈信号 1 将这两个门打开,可接收输入信号 D,$Q_5 = \overline{D}$,$Q_6 = \overline{Q_5} = D$。

(2) 当 CP 由 0 变 1 时,与非门 G_3 和 G_4 打开,它们的输出 Q_3 和 Q_4 的状态由 G_5 和 G_6 当时的输出状态决定。$Q_3 = \overline{Q_5} = D$,$Q_4 = \overline{Q_6} = \overline{D}$。由基本 RS 触发器的逻辑功能可知,此时触发器翻转 $Q = D$。

(3) 触发器翻转后,在 $CP = 1$ 期间,G_3 和 G_4 的输出 Q_3 和 Q_4 的状态是互补的,即必定有一个是 0。若 Q_3 为 0,则经 G_3 输出至输入的反馈线将 G_5 封锁,即封锁了 D 通往基本 RS 触发器的路径。该反馈线起到使触发器维持在 0 状态和阻止触发器变为 1 状态的作用,故该线称为置 0 维持线、置 1 阻塞线。同理可分析当 Q_4 为 0 时的情况。

综上所述,该触发器是在 CP 上升沿前接受输入信号,上升沿时触发翻转,上升沿后输入信号 D 即被封锁,所以称为边沿触发器。

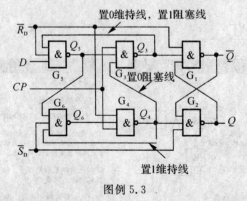

图例 5.3

例 5.4 主从 JK 触发器和维持阻塞 D 触发器的输入波形如图例 5.4(a) 和 (b) 所示。设 Q 初始状态为 0,

画出 Q 的波形。

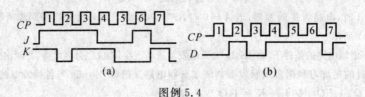

(a)　　　　　　　　　　(b)

图例 5.4

解　本题的目的是熟悉主从 JK 触发器和维持阻塞 D 触发器的触发特性，练习画出 Q 的波形图。

主从 JK 触发器的输出是从触发器的输出。当 CP 脉冲从高电平变为低电平时，从触发器随主触发器状态翻转。

维持阻塞型 D 触发器是上升沿触发的边沿触发器。当 CP 从低电平变为高电平时，触发器的状态由此时 D 的状态决定。

两种触发器输出信号 Q 的波形如图例解 5.4(a) 和(b) 所示。

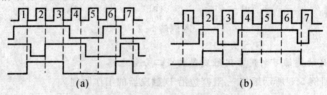

(a)　　　　　　　　　　(b)

图例解 5.4

例 5.5　试分析如图例 5.5 所示电路的逻辑功能，画出工作波形图。

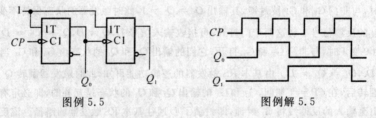

图例 5.5　　　　　　　　图例解 5.5

解　本题各触发器的时钟 $CP_0 = CP$，$CP_1 = Q_0$。CP 下跳沿到达时，触发器翻转。显然，电路实现了 2 位二进制异步加法计数器，如图例解 5.5 是其工作波形图。

【评注】　本题的目的是熟悉 T 触发器的触发特性。

5.4　参考用 PPT

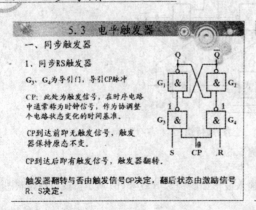

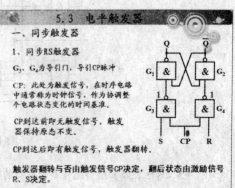

1、主从RS触发器

CP=1时，门G_7、G_8打开，门G_3、G_4封锁，主触发器根据R、S的状态翻转而从触发器保持原来的状态不变，解决了空翻现象。

CP=0时，门G_7、G_8封锁，在CP=0全部时间主触发器状态不再改变。门G_3、G_4打开，从触发器按照与主触发器相同的状态翻转。

因此在CP的一个变化周期中触发器状态只改变一次。

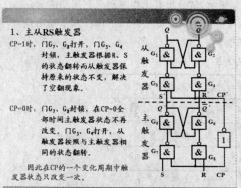

3、CMOS主从结构D触发器

（1）电路结构： 由CMOS逻辑门和CMOS传输门组成

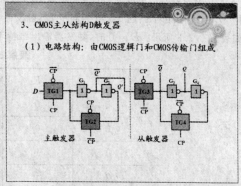

带有R_D和S_D端的维持-阻塞D触发器

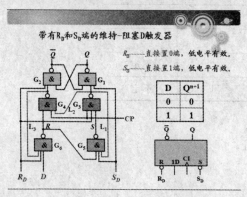

R_D——直接置0端，低电平有效。

S_D——直接置1端，低电平有效。

D	Q^{n+1}
0	0
1	1

逻辑门电路多余输入端处理方法

➤ 与有用输入端并联；

➤ 将多余的输入端通过上拉电阻（1~3KΩ）接电源获得U_H，直接接地获得U_L；

➤ 通过电阻接地

　　TTL电路：$R < R_{OFF}$获得U_L；

　　　　　　$R > R_{ON}$获得U_H。

　　CMOS电路输入端通过电阻接地获得U_L。

5.5　习题精选详解

5.2.1　分析图题5.2.1所示电路的功能，列出功能表。

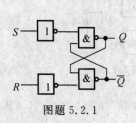

图题 5.2.1

表解 5.2.1

R	S	Q
0	0	不变
0	1	1
1	0	0
1	1	不定

解　由图题5.2.1得：$Q = \overline{\overline{S} \cdot \overline{Q}}$　$\overline{Q} = \overline{\overline{R} \cdot Q}$

(1)$R = 1, S = 0$时，根据上面两式知，无论Q原先是什么值，当$R = 1, S = 0$时，$Q = 0$；

(2)$R = 0, S = 1$时，由电路的对称性知，$Q = 1$。

(3)$R = 0, S = 0$时，当Q原来是0时，能推出$Q = 0$；当Q原来是1时，能推导出$Q = 1$。因此$R = S = 0$时，输出保持不变。

(4)$R = 1, S = 1$时，两与非门输出Q和$\overline{Q}$全为1，在两个输入信号同时回到0后，触发器状态不能确定。因此应避免$R = S = 1$。

由上面分析有表解5.2.1。

5.2.3 由与或非门组成的 SR 锁存器如图题 5.2.3 所示，试分析其工作原理并列出功能表。

解 $E = 1$ 时，由于图题 5.2.3 为同步 RS 触发器，可由特性方程 $Q^{n+1} = S + \overline{R}Q^n$ 来求输出 Q^{n+1}，列出功能表，如表解 5.2.3 所示。$E = 0$ 时，触发器输出维持不变。

表解 5.2.3

S	R	Q^n	Q^{n+1}
0	0	0	0
0	0	1	1
0	1	0	0
0	1	1	0
1	0	0	1
1	0	1	1
1	1	0	不定
1	1	1	不定

因此，$S = 0$，$R = 0$ 时，$Q^{n+1} = Q^n$，故为维持原状态；

　　$S = 0$，$R = 1$ 时，$Q^{n+1} = 0$，为"0"状态；

　　$S = 1$，$R = 0$ 时，$Q^{n+1} = 1$，为"1"状态；

　　$S = 1$，$R = 1$ 为不稳定状态，应避免。

当根据图题 5.2.3 中的逻辑关系具体分析，也能得到相同功能特性表，结果一致。

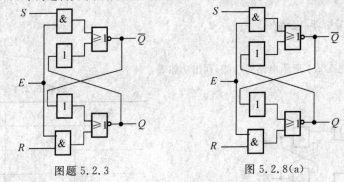

图题 5.2.3　　　　　　　　　图 5.2.8(a)

5.2.5 若图 5.2.8(a) 所示电路的初始状态为 $Q = 1$，E，S，R 端的输入信号如图题 5.2.5 所示，试画出相应 Q 和 $\overline{Q}$ 端的波形。

解 初始状态 $Q = 1$，由特性方程：

$$\begin{cases} Q^{n+1} = S + \overline{R}Q^n \\ S \cdot R = 0 \end{cases}$$

可以得输出端 Q 和 $\overline{Q}$ 的波形，如图题解 5.2.5 所示。

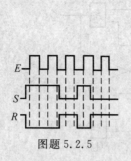

图题 5.2.5

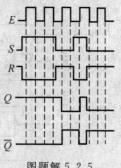

图题解 5.2.5

5.3.1 触发器的逻辑电路如图题 5.3.1 所示,确定其属于何种电路结构的触发器并分析工作原理。

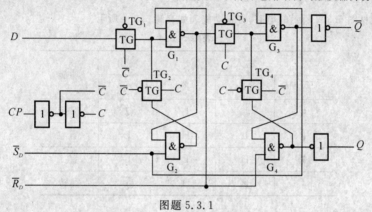

图题 5.3.1

解　(1) 当 $CP = 0$ 时, $\overline{C} = 1$, $C = 0$, TG_1 和 TG_4 导通, TG_2 和 TG_3 断开。G_1 输出为 $\overline{D}$, 并随 D 变化。由于 TG_3 断开, TG_4 导通, 主、从锁存器相互隔离, 从锁存器又构成稳态存储单元, 使触发器输出维持原来的状态不变。

(2) 当 CP 由 0 跳变到 1 后, $\overline{C} = 0$, $C = 1$, TG_1 和 TG_4 断开, TG_2 和 TG_3 导通。TG_2 的导通使主触发器维持在 CP 上升沿到来前瞬间的状态。同时由于 TG_3 导通, G_2 输出信号送至 Q 端, 得到 $Q^{n+1} = D$, 并在 $CP = 1$ 期间维持不变。

(3) 当 CP 由 1 跳变到 0 后, 则再次重复(1)的过程。

5.3.2 触发器的逻辑电路如图题 5.3.2 所示,确定其应属于何种电路结构触发器。

解　图题 5.3.2 所示电路是由两个逻辑门控 SR 锁存器级联构成的主从 SR 触发器。

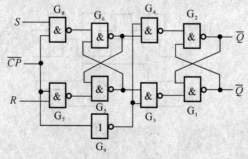

图题 5.3.2

5.3.4 根据对原教材图 5.3.7 的电路分析,列出功能表。

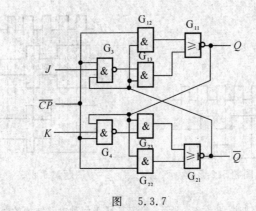

图 5.3.7

解　分析教材图 5.3.7 所示的电路，可得功能表如表解 5.3.4 所示。

表解 5.3.4

输入			输出	功能
$\overline{CP}$	J	K	Q^{n+1}	
↓	L	L	Q^n	保持
↓	L	H	L	置0
↓	H	L	L	置1
↓	H	H	$\overline{Q^n}$	翻转

5.4.1　上升沿触发和下降沿触发的 D 触发器逻辑符号及时钟信号 $CP(\overline{CP})$ 和 D 的波形如图题 5.4.1 所示。分别画出它们的 Q 端波形。设触发器的初始状态为 0。

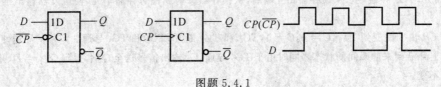

图题 5.4.1

解　设 $\overline{CP}$ 触发的触发器输出波形为 Q_1，CP 触发的触发器的输出波形为 Q_2，二者波形如图题解 5.4.1 所示。

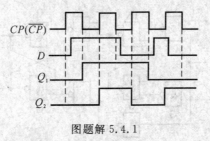

图题解 5.4.1

5.4.2　试用卡诺图化简表题 5.4.2 表达的逻辑关系，并将结果与教材式(5.4.2)核对。

表题 5.4.2　JK 触发器特性表

Q^n	J	K	Q^{n+1}
0	0	0	0
0	0	1	0
0	1	0	1
0	1	1	1
1	0	0	1
1	0	1	0
1	1	0	1
1	1	1	0

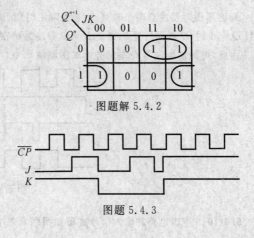

图题解 5.4.2

图题 5.4.3

解　由表题 5.4.2 可得卡诺图,如图解 5.4.2 所示,由图可得

$$Q^{n+1} = J\,\overline{Q^n} + \overline{K}Q^n$$

结果与教材式(5.4.2)一致。

5.4.3　设下降沿触发的 JK 触发器的初始状态为 0,$\overline{CP}$,J,K 信号如图题 5.4.3 所示,试画出触发器 Q 端的波形。

解　根据 JK 触发器的定义可知

当 $CP = 1$ 时,主触发器有:$Q_1^{n+1} = J\,\overline{Q_1^n} + \overline{K}Q_1^n$;

当 $CP = 1 \to 0$ 时,从触发器输出为:$Q_2^{n+1} = Q_1^{n+1}$;

当 $CP = 0$ 时,从触发器保持:$Q_2^{n+1} = Q_1^{n+1}$。

于是,触发器 Q 端波形如图题解 5.4.3 所示。

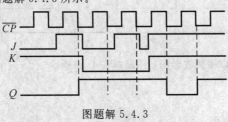

图题解 5.4.3

5.4.7　逻辑电路如图题 5.4.7 所示,已知 $\overline{CP}$ 和 A 的波形,画出触发器 Q 端的波形,设触发器的初始状态为 0。

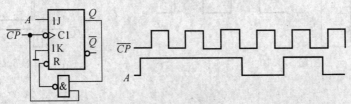

图题 5.4.7

解　由于 JK 触发器输出:$Q^{n+1} = J\,\overline{Q^n} + \overline{K}Q^n = A\,\overline{Q^n} + Q^n = Q^n + A$

同时 $R = \overline{Q \cdot CP}$

画波形图时要注意两个时刻：一是下降沿时刻，该时刻 $Q^{n+1}=Q^n+A$；另一时刻是 $\overline{R}=0$ 时刻，即当 $\overline{CP}=1$ 且 $Q=1$ 时，Q 被强行置 0，因此 $\overline{R}=0$ 只能维持很短的时间。

由此，可画出触发器 Q 端的波形如图题解 5.4.7 所示。

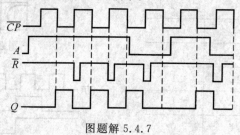

图题解 5.4.7

5.4.10 逻辑电路和输入信号波形如图题 5.4.10 所示，画出各触发器 Q 端的波形。设触发器的初始状态为 0。

解 当 $R_1=1$ 时，$Q_1=0$；同样，$R_2=1$ 时，$Q_2=0$。而 $R_1=0$ 时，$Q_1=1$；$R_2=0$ 时，$Q_2=1$。其真值表如表解 5.4.10 所示。

表解 5.4.10

CP_1	Q_2^n	Q_1^{n+1}	CP_2	$\overline{Q_1^n}$	Q_2^{n+1}
×	0	0	×	1	0
↑	0	1	×	0	0
×	0	0	↑	0	1
	1	0		1	0
↑	0	1	×	0	0
×	1	0	↑	0	1
	0	0		1	0

根据真值表表解 5.4.10，可以得到波形图如图题解 5.4.10 所示。

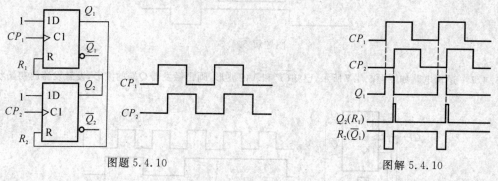

图题 5.4.10

图解 5.4.10

第6章 时序逻辑电路

6.1 教学建议

本章主要介绍时序逻辑电路的组成原理、时序逻辑电路的分析和设计方法及常用时序逻辑功能器件等。

(1)通过对比时序逻辑电路与组合逻辑电路的区别来引入时序逻辑电路的概念。

(2)回顾触发器的结构和工作原理,牢记 RS 触发器、JK 触发器、D 触发器、T 触发器和 T′触发器的逻辑表达式,会绘制时序图。

(3)由于时序逻辑电路在任意时刻下的状态和输出均可以表示为输入变量和电路原来状态的逻辑函数,因此描述时序逻辑电路的方法与组合逻辑电路有不同的地方。常用有方程组(由时钟方程、驱动方程、输出方程和状态方程组成)、状态转换表、状态转换图和时序图四种。它们各具特点,适用于不同的场合。其中方程组是和具体电路直接对应的一种表达方式;状态转换表和状态转换图的特点是给出了电路工作的完整过程,使电路的功能一目了然;时序图便于进行波形显示,常用于实验观察。

(4)从时序逻辑电路的特点来看,时序逻辑电路必须有存储电路,同时存储电路又和输入逻辑变量一起决定输出的状态。在教学中要注意指出,在实际的时序逻辑电路中,并不是每一个电路都具有这样完整的结构,有的可能没有输入逻辑变量(例如计数器),有的输出仅仅和电路的状态有关而与输入信号没有直接关系(例如莫尔型电路),有的可能只有存储电路而没有组合电路部分(例如环形计数器)等等。但不论哪一种类型的时序逻辑电路,都必须有存储电路,而且输出必须和电路的状态相关。

(5)由于具体的时序逻辑电路千变万化,所以它们的种类很多。本章学习的寄存器、计数器、顺序脉冲发生器只是时序逻辑电路中常见的几种,在学习中要注意把握时序逻辑电路的共同特点和一般的分析方法、设计方法,这样才能适应对各种时序电路进行分析和设计的需要。

(6)本章学习的时序逻辑电路分析和设计方法,对任何复杂的时序逻辑电路都是适用的,但在应用过程中要灵活掌握。对于某些简单的时序逻辑电路,可不必机械地按这些步骤进行,例如分析环形计数器时,从电路结构和物理概念出发很容易就能画出它的状态转换图,这时就不必重复一般时序电路的分析步骤。

6.2 主要概念

一、内容要点精讲

1. 时序逻辑电路的基本概念

(1)时序逻辑电路的定义。时序逻辑电路与组合逻辑电路的根本区别在于时序逻辑电路任意时刻的输出不仅与该时刻电路的输入有关,而且还与电路的原状态有关。

(2)时序逻辑电路的结构和功能描述。为实现时序逻辑电路的功能,时序逻辑电路必须要有记忆能力,把电路原来的状态能保存下来。这就需要存储电路,用存储电路的状态表示电路的不同状态。存储电路要能够记忆时序逻辑电路工作过程中的全部可能的状态,并且存储电路的状态数量要大于或等于电路的状态数量。同时,电路的原状态与电路的输出有关,需要将存储器的状态连接到输出电路,与输入信号共同决定输出的逻辑状态。因此可以得到时序逻辑电路的典型结构形式如图 6.2.1 所示。

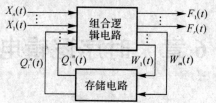

图 6.2.1　时序逻辑电路的典型结构形式

图中，

$$F_i = f_i(X_1, X_2, \cdots, X_n; Q_1^n, Q_2^n, \cdots, Q_l^n) \quad i = 1, 2, \cdots, r \quad 称为输出方程；$$

$$W_j = G_j(X_1, X_2, \cdots, X_n; Q_1^n, Q_2^n, \cdots, Q_l^n) \quad j = 1, 2, \cdots, m \quad 称为驱动方程；$$

$$Q_k^{n+1} = H_k(W_1, W_2, \cdots, W_m; Q_1^n, Q_2^n, \cdots, Q_l^n) \quad k = 1, 2, \cdots, l \quad 称为状态方程。$$

（3）时序逻辑电路的分类。按时钟信号工作方式分为同步时序逻辑电路和异步时序逻辑电路。

同步时序逻辑电路，电路的状态仅在统一的时钟信号脉冲控制下同时变化。如果时钟脉冲没来，即使输入信号发生变化，它可能会影响输出，但不会改变电路的状态（即存储电路的状态）。

异步时序电路中没有统一的时钟脉冲。任何输入信号的变化都可能立刻引起异步时序电路状态的变化。

按输出变量的依从关系分为米里（Mealy）型和莫尔（Moore）型。米里型电路的输出是输入变量及现态的函数，莫尔型电路的输出只是现态的函数。

　2. 时序逻辑电路的分析和设计

（1）时序逻辑电路的分析。逻辑电路图是逻辑功能的一种描述方式，但由逻辑电路图一般不能直接判断出逻辑电路的功能。因此，我们需要把逻辑电路的功能用逻辑方程、状态转换表、状态转换图、波形图等比较直观的形式表示出来，这就是时序逻辑电路的分析。

时序逻辑电路的分析步骤：

1）写出时序逻辑电路的时钟方程（对于同步时序逻辑电路，时钟方程可省略不写）、输出方程和驱动方程（即触发器输入信号的逻辑函数式）。

2）将驱动方程代入相应的触发器特征方程，得到每个触发器的状态方程，这些状态方程组成时序逻辑电路的状态方程组。

3）由状态方程组求出电路的状态转换表，并从状态转换表画出状态转换图或时序图。

上述分析方法适用于任何由触发器和门电路组成的时序逻辑电路，但在分析一些逻辑功能较简单的电路时，可以简化其中的某些步骤。比如，在分析移位寄存器的逻辑功能时，每个触发器的次态是前一级触发器的现态，据此可以直接画出电路的状态转换图。

（2）时序逻辑电路的设计。设计方法和步骤：

1）逻辑抽象，建立电路的原始状态转换图，形成原始状态转换表。

① 确定输入、输出变量和电路的状态数。一般以事件的原因作为输入变量，以事件的结果作为输出变量，电路的状态数应包括事件发生的全部过程中所有可能出现的状态数。

② 定义输入、输出的逻辑状态，说明每个电路状态的物理含义，并将电路状态编码。

③ 找出每个电路状态在不同输入条件下产生的输出和电路的次态，列出状态转换图和状态转换表。

2）状态化简。若两个状态在相同的输入下有相同的输出，并转向相同的次态，则这两个状态为等价状态。等价状态可以合并，以减少电路的状态数。

3）状态分配。

① 确定存储电路中触发器的数量。电路的状态是用存储电路中触发器状态的不同组合表示的，若电路

的状态数为 M,触发器的数量为 n,则 M 和 n 之间应满足

$$2^{n-1} < M \leqslant 2^n$$

② 编码。对电路的每一个状态,都用一组 n 位二进制代码来表示。

4) 选定触发器类型,求出电路的状态方程、驱动方程和输出方程。选定触发器的类型后,根据前面得到的状态转换图和状态编码,可以得到电路的状态方程和输出方程,再从状态方程确定出驱动方程。

5) 根据输出方程、驱动方程画出对应的逻辑电路图。

6) 检查电路能否自启动。当电路的状态数 M 小于存储电路触发器的全部状态数 2^n 时,必然会有些没有用到的状态,这些没有利用的状态称为无效状态。

在时序电路接通电源或有外界干扰的时候,电路可能会进入某个无效状态。如果在时钟脉冲的作用下,电路能进入有效状态,则这个电路是能够自启动的。反之,如果电路进入无效状态后,在时钟的作用下不能进入有效状态,则这个电路是不能自启动的。

如果电路的状态数 M 等于存储电路触发器的全部状态数 2^n,则电路不存在无效状态,该电路不存在不能自启动的问题。

3. 寄存器和移位寄存器

(1) 寄存器。寄存器是用来存储二进制数据的逻辑部件。1 个触发器可以存储 1 位二进制数据,存储 n 位二进制数据的寄存器需要用 n 个触发器。

寄存器和锁存器的区别,寄存器是脉冲边沿敏感电路,锁存器是电平敏感电路。两者应用场合不同,一般来说寄存器比锁存器具有更好的同步性能和抗干扰性能。

(2) 移位寄存器。移位寄存器,在统一时钟脉冲作用下,可将寄存器的二进制代码或数据依次移位,用来实现数据的串行 / 并行或并行 / 串行的转换、数据运算和其他数据处理功能。

74HC194 是 CMOS 四位双向移位寄存器,具有数据保持、右移、左移、并行输入和并行输出功能。

图 6.2.2 中,$\overline{CR}$ 是异步清零端,S_1、S_0 是控制信号输入端,D_{SR} 是右移串行数据输入端,D_{SL} 是左移串行数据输入端。

4. 计数器

(1) 二进制计数器。图 6.2.3 是一个四位异步二进制计数器的逻辑图。异步二进制计数器的原理和结构较为简单,因为各触发器不是同时翻转,而是逐级脉动翻转,因此也称为纹波计数器。

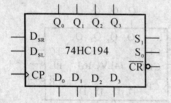
图 6.2.2　集成移位寄存器 74HC194

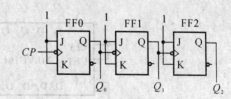
图 6.2.3　四位异步二进制计数器

图 6.2.4 是一个四位同步二进制计数器的逻辑图。同步二进制计数器的时钟信号同时接于各触发器的时钟脉冲输入端,在每次时钟脉冲边沿到来时,根据触发器的条件,所有应翻转的触发器同时翻转。

(2) 集成计数器。

1) 同步计数器。74LVC161 是四位同步二进制加计数器(见图 6.2.5),具有异步清零、同步并行置数的功能。

时钟脉冲 CP,计数脉冲输入端,是芯片内 4 个触发器的公共时钟输入端。

异步清零 $\overline{CR}$,输入低电平时,无论其他输入端的状态如何,都会使片内所有触发器置 0,称为异步清零。

并行置数 $\overline{PE}$,在 CP 上升沿之前保持低电平,并且保证 $\overline{CR}=1$,数据输入端 $D_3 \sim D_0$ 的逻辑值就在 CP 上升沿到来置入片内 4 个触发器,称为同步并行置数。

数据输入端 $D_3 \sim D_0$。

计数使能 CEP 和 CET，当 CEP＝1 且 CET＝1 时，每个 CP 的上升沿能使计数器进行一次计数。当 CEP·CET＝0 时，计数器停止计数，保持原状态。另外，CET 还控制计数器的进位输出信号 TC。

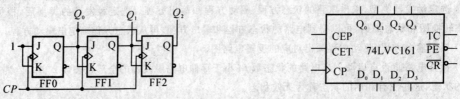

图 6.2.4　四位同步二进制计数器　　　　　图 6.2.5　四位同步二进制加计数器 74LVC161

计数输出 $Q_3 \sim Q_0$。

进位信号 TC，当 CET＝1，且 $Q_3Q_2Q_1Q_0 = 1111$ 时，TC＝1，表示下一个 CP 上升沿到来时计数器会进位。

2）异步计数器。74HC390 是异步二-五-十进制计数器（见图 6.2.6），内部有一个二进制计数器和一个五进制计数器。两个计数器的输入端和输出端各自是独立的，二进制计数器输入端是 CP_0，输出端是 Q_0，五进制计数输入端是 CP_2，输出端是 $Q_3Q_2Q_1$。使用时，可以将两个计数器级联构成十进制计数器。

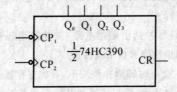

图 6.2.6　异步二-五-十进制计数器 74HC390

74HC390 有两种连接方式：

· 计数脉冲接 CP_1，将 Q_0 与 CP_2 相连，输出端 $Q_3Q_2Q_1Q_0$ 输出为 8421BCD 码；

· 计数脉冲接 CP_2，将 Q_3 与 CP_1 相连，输出端 $Q_0Q_3Q_2Q_1$ 输出为 5421BCD 码。

3）计数器的级联，两个 N 进制计数器可以级联起来实现 $N \times N$ 进制的计数器。常见的级联方式有同步级联（见图 6.2.7）和异步级联（见图 6.2.8）。

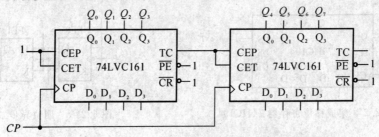

图 6.2.7　同步级联

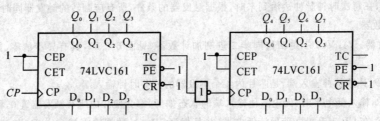

图 6.2.8　异步级联

（4）任意进制计数器。清零法，计数器从全 0 状态开始计数，经过 $M-1$ 个状态后，产生一个清零信号，使计数器的下一个状态返回全 0 状态，这样就实现了一个 M 进制的计数器。

使用清零法实现计数器，需要注意同步清零和异步清零的区别。如果要实现 M 进制的计数器，若是同步清零需要用第 $M-1$ 个状态来产生清零信号，若是异步清零则需要用第 M 个状态来产生清零信号。

置数法，计数器可以从任意一个状态为起始状态开始计数，经过 $M-1$ 个状态后，产生一个预置数信号将计数器置为起始状态，实现 M 进制计数器。

使用置数法实现计数器，也要注意同步置数和异步置数的区别。假设起始状态为 S_i，要实现 M 进制计数器，如果是同步置数，需要用状态 S_{i+M-1} 来预置数，如果是异步置数，则需要用状态 S_{i+M} 来预置数。

不论采用清零法还是置数法来实现计数器，如果在计数的末状态进位输出端没有输出信号，则需要另外采用译码电路产生进位信号。

（3）环形计数器。

1）基本环形计数器。将图中移位寄存器的 Q_3 与 D_{SL} 相连，构成环形计数器。环形计数器需设置初始状态 $Q_0Q_1Q_2Q_3=1000$，在时钟脉冲 CP 的作用下出现图 6.2.9 所示的 4 个状态。

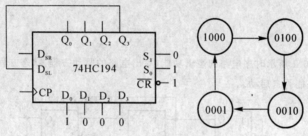

图 6.2.9 环形计数器

2）扭环计数器。将移位寄存器的 Q_3 取非后与 D_{SL} 相连，构成扭环计数器。扭环计数器的电路状态比环形计数器多一倍（见图 6.2.10）。

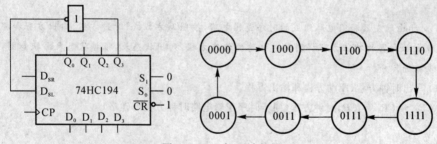

图 6.2.10 扭环计数器

5．用 Verilog HDL 描述时序逻辑电路

时序逻辑电路一般由触发器和逻辑门构成，所以可将数据流描述语句和行为级描述语句结合起来对时序逻辑电路的逻辑功能进行描述。

6．时序可编程逻辑器件

时序可编程逻辑电路主要有通用阵列逻辑（GAL）、复杂可编程逻辑器件（CPLD）和现场可编程门阵列（FPGA）。

（1）通用阵列逻辑（GAL）。GAL 的集成度在 1000 门以下，属于简单低密度可编程逻辑器件（SPLD）。其内部仍为与一或结构，在输出端设置了输出逻辑宏单元，电路设计者可以根据需要对宏单元内部电路进行不同模式的组合，使输出具有一定的灵活性和通用性。

（2）复杂可编程逻辑器件（CPLD）。CPLD 内部集成了多个逻辑单元块，每个逻辑块相当于一个 GAL。这些逻辑块彼此之间可以互连，也可与周围的 I/O 模块相连，实现与芯片外部信息的交换。与简单可编程逻辑器件（SPLD）相比，CPLD 集成度高，增加了 I/O 端口和内部连线，对可编程逻辑宏单元、可编程 I/O 端口和它们的互连策略做了技术改进。

（3）现场可编程门阵列（FPGA）。FPGA 的集成度高，内部由可编程逻辑单元组成并在各逻辑单元之间预先制作了连线，可以将复杂的时序逻辑系统在单个芯片上编程实现。

二、重点难点

（1）时序逻辑电路在逻辑功能和电路结构上的特点，以及时序逻辑电路逻辑功能的描述方法。

（2）同步时序逻辑电路的分析和设计方法。

（3）寄存器和移位寄存器的逻辑功能和使用方法。

（4）计数器的逻辑功能和使用方法，计数器的扩展方法和任意进制计数器的构成方法。

6.3 例题

例 6.1 分析图例 6.1 所示时序电路的逻辑功能，写出电路的驱动方程、状态方程和输出方程，画出电路的状态转换图，说明电路能否自启动。

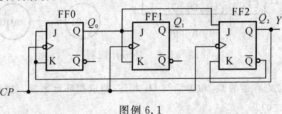

图例 6.1

分析 对于由触发器和门电路组成的时序逻辑电路，按照写方程式（时钟方程、输出方程和驱动方程），将驱动方程带入触发器的特征方程得到时序电路的状态方程，列出状态表，根据状态表画状态图，最后做出逻辑说明的步骤进行分析。

解 （1）写出时钟方程、驱动方程和输出方程。

$CP_0 = CP_1 = CP_2 = CP$，时钟方程（同步时序逻辑电路时钟方程可省略）

$$\begin{cases} J_0 = K_0 = \overline{Q_2^n} \\ J_1 = K_1 = Q_0^n \qquad , \quad \text{驱动方程} \\ J_2 = Q_1^n Q_0^n, K_2 = Q_2^n \end{cases}$$

$$Y = Q_2, \quad \text{输出方程}$$

（2）将驱动方程代入 JK 触发器的特征方程得到状态方程

$$\begin{cases} Q_0^{n+1} = \overline{Q_2^n}\,\overline{Q_0^n} + Q_2^n Q_0^n = \overline{Q_2^n \oplus Q_0^n} \\ Q_1^{n+1} = \overline{Q_1^n} Q_0^n + Q_1^n \overline{Q_0^n} = Q_1^n \oplus Q_0^n \\ Q_2^n = \overline{Q_2^n} Q_1^n Q_0^n \end{cases}$$

（3）根据状态方程得到状态表如表例解 6.1 所示和状态图如图例解 6.1 所示。

表例解 6.1

Q_2^n	Q_1^n	Q_0^n	Q_2^{n+1}	Q_1^{n+1}	Q_0^{n+1}	Y
0	0	0	0	0	1	0
0	0	1	0	1	0	0
0	1	0	0	1	1	0
0	1	1	1	0	0	0
1	0	0	0	0	0	1
1	0	1	0	1	0	1
1	1	0	0	1	0	1
1	1	1	0	0	1	1

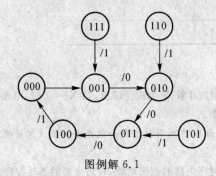

图例解 6.1

该电路为五进制加计数器,能够自启动。

【评注】 本题要注意有无效状态,画状态转换图时要将无效状态也画出。

例 6.2 分析图例 6.2 所示时序电路的逻辑功能,写出电路的驱动方程、状态方程和输出方程,画出电路的状态转换图,说明电路能否自启动。

分析 本题有输入端 X,为米里型时序逻辑电路,分析步骤与例 6.1 相同。

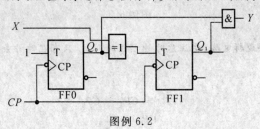

图例 6.2

解 (1)写出时钟方程、驱动方程和输出方程

$CP_0 = CP_1 = CP$,时钟方程(同步电路时钟方程可省略)

$$\begin{cases} T_0 = 1 \\ T_1 = X \oplus Q_0^n \end{cases}, \quad \text{驱动方程}$$

$$Y = Q_1^n Q_0^n, \quad \text{输出方程}$$

(2)将驱动方程代入 T 触发器的特征方程得到状态方程

$$\begin{cases} Q_1^{n+1} = X \oplus Q_1^n \oplus Q_0^n \\ Q_0^{n+1} = \overline{Q_0^n} \end{cases}$$

（3）根据状态方程得到状态表如表例解 6.2 所示和状态图如图例解 6.2 所示。

表例解 6.2

X	Q_1^n	Q_0^n	Q_1^{n+1}	Q_0^{n+1}	Y
0	0	0	0	1	0
0	0	1	1	0	0
0	1	0	1	1	0
0	1	1	0	0	1
1	0	0	1	1	0
1	0	1	0	0	0
1	1	0	0	1	0
1	1	1	1	0	1

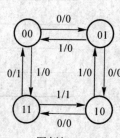

图例解 6.2

当 $X = 0$ 时，电路实现四进制加计数，Y 为进位输出；当 $X = 1$ 时，电路实现四进制减计数，Y 为借位输出。所以该电路为 4 位可逆计数器。

【评注】 本题有输入 X 和输出 Y，在列写状态表和状态图时要注意将输入信号 X 和输出信号 Y 准确反映出来。

例 6.3 分析图例 6.3 所示时序电路的逻辑功能，写出电路的驱动方程、状态方程和输出方程，画出电路的状态转换图，说明电路能否自启动。

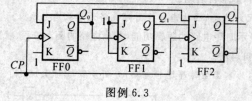

图例 6.3

分析 本题为异步时序逻辑电路，要注意时钟方程的列写，只有在时钟条件具备时，状态方程才能够成立。

解 （1）写时钟方程

$$CP_0 = CP_2 = CP$$
$$CP_1 = Q_0^n$$

驱动方程

$$\begin{cases} J_0 = \overline{Q_2^n}, \quad K_0 = 1 \\ J_1 = K_1 = 1 \\ J_2 = Q_1^n Q_0^n, \quad K_2 = 1 \end{cases}$$

（2）将驱动方程代入 JK 触发器的特征方程得到状态方程

$$\begin{cases} Q_0^{n+1} = \overline{Q_2^n}\,\overline{Q_0^n} \\ Q_1^{n+1} = \overline{Q_1^n} \\ Q_2^n = \overline{Q_2^n} Q_1^n Q_0^n \end{cases}$$

（3）根据状态方程得到状态表如表例解 6.3 所示和状态图如图例解 6.3 所示。

表例解 6.3

Q_2^n	Q_1^n	Q_0^n	Q_2^{n+1}	Q_1^{n+1}	Q_0^{n+1}	CP_2	CP_1	CP_0
0	0	0	0	0	1	↓	↑	↓
0	0	1	0	1	0	↓	↓	↓
0	1	0	0	1	1	↓	↑	↓
0	1	1	1	0	0	↓	↓	↓
1	0	0	0	0	0	↓	→	↓
1	0	1	0	1	0	↓	↓	↓
1	1	0	0	0	0	↓	→	↓
1	1	1	0	0	0	↓	↓	↓

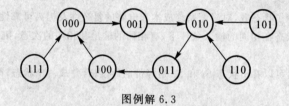

图例解 6.3

该电路为五进制加计数器，能够自启动。

【评注】 本题的难点在于分析状态方程时，首先要判断时钟方程是否成立。本题中 FF0 和 FF2 的时钟信号来自外部时钟 CP，其状态方程总是成立，但 FF1 的时钟信号来自 FF0 的输出，因此在判断 FF1 的状态时，需先判断其对应的时钟方程是否成立。

例 6.4 设计一个串行数据检测器，该电路具有一个输入端 X 和一个输出端 Y。输入为一连串随机信号，当出现"1111"序列时，检测器输出信号 $Y = 1$，对其他任何输入序列，输出皆为 0。

分析 时序逻辑电路的设计方法和步骤：① 进行逻辑抽象得到电路的状态转换图和状态转换表；② 进行状态化简和状态分配；③ 选定触发器的类型，求出电路的状态方程、驱动方程和输出方程；④ 根据驱动方程和输出方程画出逻辑图；⑤ 检查电路能否自启动。

解 （1）建立原始状态图。

1) 初始状态 S_0，表示没接收到待检测的序列信号。当输入信号 $X = 0$ 时，次态仍为 S_0，输出 $Y = 0$；当输入 $X = 1$，表示已接收到第一个"1"，其次态应为 S_1，输出 $Y = 0$。

2) 状态 S_1，输入信号 $X = 0$ 时，返回状态 S_0，输出 $Y = 0$；输入 $X = 1$，表示接收到第二个"1"，其次态转为 S_2，输出 $Y = 0$。

3) 状态 S_2，输入信号 $X = 0$ 时，返回状态 S_0，输出 $Y = 0$；输入 $X = 1$，表示接收到第三个"1"，其次态转为 S_3，输出 $Y = 0$。

4) 状态 S_3，输入信号 $X = 0$ 时，返回状态 S_0，输出 $Y = 0$；输入 $X = 1$，表示接收到第四个"1"，其次态转为 S_4，输出 $Y = 1$。

5) 状态 S_4，输入信号 $X = 0$ 时，返回状态 S_0，输出 $Y = 0$；输入 $X = 1$，则上述过程的后三个"1"与本次的"1"，仍为连续的四个"1"，故次态仍为 S_4，输出 $Y = 1$。

得到原始状态图如图例解 6.4.1 所示和原始状态表如表例解 6.4.1 所示。

表例解 6.4.1

输入 现态	次态 / 输出	
	0	1
S_0	$S_0/0$	$S_1/0$
S_1	$S_0/0$	$S_2/0$
S_2	$S_0/0$	$S_3/0$
S_3	$S_0/0$	$S_4/1$
S_4	$S_0/0$	$S_4/1$

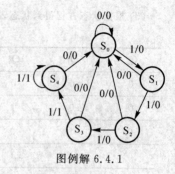

图例解 6.4.1

（2）状态化简。建立原始状态图，为确保功能的正确性，遵循"宁多勿漏"的原则。因此，得到的原始状态图或状态表可能包含有多余的状态，使状态数增加，将导致下列结果：

1）系统所需触发器级数增多；

2）触发器的驱动电路变得复杂；

3）电路的故障可能增多。

因此，状态化简后减少了状态数，对降低系统成本和电路的复杂性及提高可靠性均有好处。

状态等价：如果两个状态在相同的输入条件下，有相同的输出和相同的次态，则这两个状态是等价的，可以合并为一个状态。

根据状态等价的定义，可以看出状态 S_3 和 S_4 是等价的，可以合并成一个状态，得到化简后的状态表如表例解 6.4.2 所示。

表例解 6.4.2

输入 现态	次态 / 输出	
	0	1
S_0	$S_0/0$	$S_1/0$
S_1	$S_0/0$	$S_2/0$
S_2	$S_0/0$	$S_3/0$
S_3	$S_0/0$	$S_3/1$

（3）状态分配。状态分配是指将化简后的状态表中的各个状态用二进制代码来表示，因此，状态分配有时又称为状态编码。电路的状态通常是用触发器的状态来表示的。

由于 $2^2 = 4$，故该电路应选用两级触发器 Q_1 和 Q_0，它有 4 种状态："00""01""10""11"，因此对 S_0，S_1，S_2，S_3 的状态分配方式有多种。

对本例状态分配为：$S_0 - 00$，$S_1 - 01$，$S_2 - 10$，$S_3 - 11$，如表例解 6.4.3 所示。

表例解 6.4.3

X $Q_1{}^n Q_0{}^n$	$Q_1{}^{n+1} Q_0{}^{n+1}/Y$	
	0	1
00	00/0	01/0
01	00/0	10/0
10	00/0	11/0
11	00/0	11/1

（4）确定激励方程和输出方程。由所示的状态表和 JK 触发器的激励表，可列出状态转换表和对各触发

器的激励信号,如表例解 6.4.4 所示。

表例解 6.4.4

X	Q_1^n	Q_0^n	Q_1^{n+1}	Q_0^{n+1}	Y	J_1	K_1	J_0	K_0
0	0	0	0	0	0	0	×	0	×
0	0	1	0	0	0	0	×	×	1
0	1	0	0	0	0	×	1	0	×
0	1	1	0	0	0	×	1	×	1
1	0	0	0	1	0	0	×	1	×
1	0	1	1	0	0	1	×	×	1
1	1	0	1	1	0	×	0	1	×
1	1	1	1	1	1	×	0	×	0

画出卡诺图如图例解 6.4.2 所示。

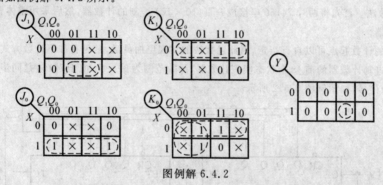

图例解 6.4.2

由卡诺图得到激励方程和输出方程

$$\begin{cases} J_1 = XQ_0^n \\ K_1 = \overline{X} \end{cases} \quad \begin{cases} J_0 = X \\ K_0 = \overline{X} + \overline{Q_0^n} = \overline{XQ_0^n} \end{cases}$$

$$Y = XQ_1^n Q_0^n$$

由输出方程和激励方程画出电路如图例解 6.4.3 所示。

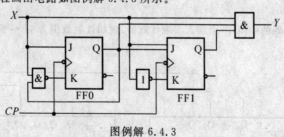

图例解 6.4.3

【评注】 本题的难点在建立正确的原始状态图,建立原始状态图要遵循"宁多勿漏"的原则,同时要注意根据状态等价的概念对原始状态图进行必要的化简。

例 6.5 用同步十进制加法计数器 74160 设计一个四十八进制的计数器。

分析 计数器的设计常用反馈清零法和反馈置数法。首先根据反馈清零法或反馈置数法明确计数器的计数长度和计数范围，然后根据清零和置数方式的不同确定反馈信号的状态，最后画出逻辑图。

　　解　此题的设计方案有多种可供选择。

　　(1) 反馈清零法。首先将两片74160串接成一百（10×10）进制的计数器，然后采用整体清零的方法实现四十八进制计数器。计数范围为0～47，由于74160是异步清零，因此采用48作为清零信号，如图例解6.5.1所示。

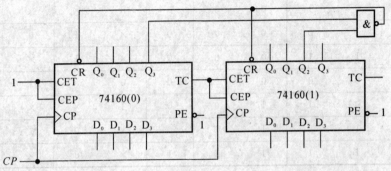

图例解 6.5.1

　　(2) 反馈置数法。首先将两片74160串接成一百（10×10）进制的计数器，然后采用整体置数的方法实现四十八进制计数器。

　　由于置数法的计数起点可以自行指定，因此置数法的实现更加灵活，常见有如下计数方式。

　　1）利用100进制计数器的前48个状态实现计数器，计数范围为0～47，由于74160是同步置数方式，因此采用47作为置数信号，如图例解6.5.2所示。

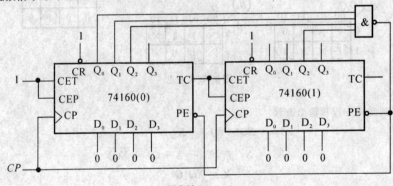

图例解 6.5.2

　　2）利用一百进制计数器的中间48个状态实现计数器，比如计数范围为41～88，采用88作为置数信号，如图例解6.5.3所示。

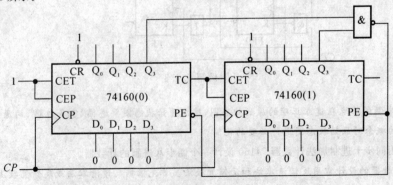

图例解 6.5.3

3) 利用一百进制计数器的后 48 个状态实现计数器,计数范围为 52～99,在这种模式下,计数器有进位信号输出,因此可以采用 TC 作为置数信号,如图例解 6.5.4 所示。

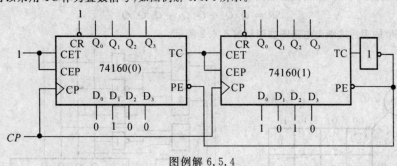

图例解 6.5.4

(3) 模值分解法。在实现四十八进制计数器时,也可将计数器设计成 6×8＝48 的模式。即将第一片 160 设计成六进制,第二片 160 设计成八进制,然后将两个计数器级联构成四十八进制计数器,如图例解 6.5.5 所示。

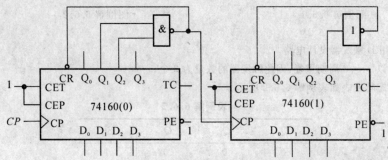

图例解 6.5.5

【评注】 从本例可以看出,计数器的设计方法很灵活,如果对计数器的计数状态不做限制,对采用反馈清零法或反馈置数法也没有限制,那么实现计数器的方案是多样的。

例 6.6 用移位寄存器设计产生 00011101 序列的序列信号发生器。

分析 移位寄存器的次态受到现态的约束,对移位寄存器构成的时序电路设计只能对第一级进行设计,其他各级按照移位功能工作。

解 方法一,采用 4 位移位寄存器 74HC194 设计电路。

(1) 列出状态转换表如表例解 6.6.1 所示。该序列以 $p＝8$ 周期重复,设移位寄存器为右移方式,最右端的数据先输出。

表例解 6.6.1

Q_0	Q_1	Q_2	Q_3	SR
1	0	0	0	1
1	1	0	0	1
1	1	1	0	0
0	1	1	1	1
1	0	1	1	0
0	1	0	1	0
0	0	1	0	0
0	0	0	1	1

（2）根据上表得到 SR 的卡诺图如图例解 6.6.1 所示，从而得到 SR 的逻辑表达式：

$$SR = \overline{Q_2}\,\overline{Q_3} + \overline{Q_1}\,\overline{Q_2} + \overline{Q_0}\,Q_1\,Q_3$$

（3）根据 SR 的表达式画出电路图如图例解 6.6.2 所示。

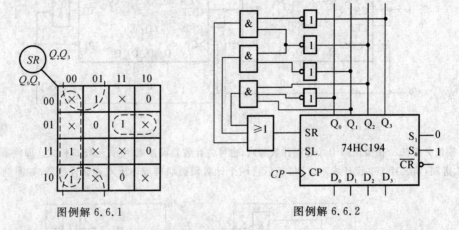

图例解 6.6.1　　　　　　　图例解 6.6.2

方法二，采用 D 触发器设计电路。

（1）该序列以 $p = 8$ 周期重复，因此触发器的数量为 3 个。

（2）列出状态转换表如表例解 6.6.2 所示。

表例解 6.6.2

Q_0	Q_1	Q_2	SR
0	0	0	1
1	0	0	1
1	1	0	1
1	1	1	0
0	1	1	1
1	0	1	0
0	0	1	0
0	0	1	0

（3）根据上表得到 SR 的卡诺图如图例解 6.6.3 所示，从而得到 SR 的逻辑表达式：

$$SR = \overline{Q_1}\,\overline{Q_2} + Q_0\,\overline{Q_2} + \overline{Q_0}\,Q_1\,Q_2$$

（4）根据 SR 的表达式画出电路图如图例解 6.6.4 所示。

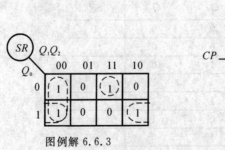

图例解 6.6.3

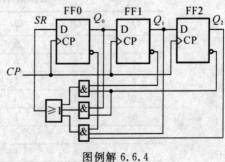

图例解 6.6.4

【评注】 本题难点在于要正确理解移位寄存器的工作原理,在设计电路时要注意只能对移位寄存器的第一级电路进行设计,其余各位都按照移位的规则工作。

6.4 参考用 PPT

时序电路的结构

(1) 时序电路通常包含组合电路和存储电路两个组成部分;
(2) 存储电路的输出需反馈到组合电路的输入端,与输入信号一起,共同决定组合逻辑电路的输出。

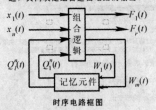

时序电路框图

时序电路分类

同步时序电路	异步时序电路
电路的状态仅在一的信号脉冲(时钟脉冲,用P表示)控制下才同时变化一次。如果CP脉冲没来,即使输入信号发生变化,它可能会影响输出,但不会改变电路的状态即记忆电路的状态	记忆元件的状态变化不是同时发生的。异步时序电路中如没有统一的时钟脉冲任何输入信号的变化都可能立刻引起异步时序电路状态的变化

时序电路的分析步骤:

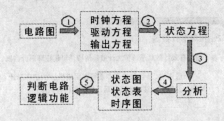

同步时序电路设计步骤:

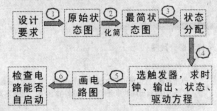

1 寄存器

寄存器是由电平触发器完成的,N个电平锁存器的时钟端连在一起,在CP作用下能接受N位二进制信息。

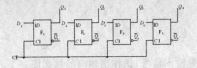

四位寄存器的逻辑图

(1)单向移位寄存器

右移寄存器

右移寄存器的结构特点:左边触发器的输出端接右邻触发器的输入端。

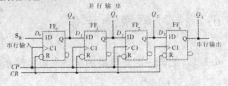

集成移位寄存器功能分析及其应用

1. 典型移位寄存器介绍

74LS194是一种典型的中规模集成移位寄存器。S_L 和S_R分别是左移和右移串行输入D_0、D_1、D_2和D_3是并行输入端。

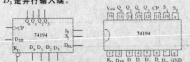

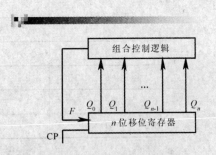

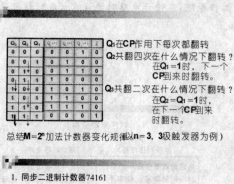

Q_1在CP作用下每次都翻转

Q_2共翻四次在什么情况下翻转？
在Q_1=**1**时，下一个CP到来时翻转。

Q_3共翻二次在什么情况下翻转？
在Q_2=Q_1=**1**时，在下一个CP到来时翻转。

总结M=2^n加法计数器变化规律（以n=3，3级触发器为例）

1. 同步二进制计数器74161

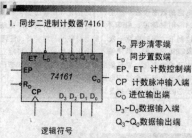

R_D 异步清零端
L_D 同步置数端
EP、ET 计数控制端
CP 计数脉冲输入端
C_O 进位输出端
$D_3 \sim D_0$数据输入端
$Q_3 \sim Q_0$数据输出端

逻辑符号

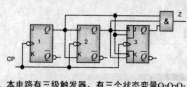

a、本电路有三级触发器，有三个状态变量$Q_3Q_2Q_1$。

b、其中$J_1 = K_1 = 1, J_2 = K_2 = Q_1^n, J_3 = K_3 = Q_1^nQ_2^n$

1、反馈清0法

反馈清0法的基本思想：

计数器从全0状态S_0开始计，计满M个状态产生清0信号，使计数器恢复到初态S_0，然后再重复前面的过程。

当要求计数器计数模值为N时：

☆ 异步清0

☆ 同步清0

1. 环形计数器

环形计数器的特点：

电路简单，N位移位寄存器可以计N个数，实现模N计数器。状态为1的输出端的序号等于计数脉冲的个数，通常不需要译码电路。

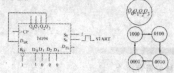

2. 扭环形计数器

为了增加有效计数状态，扩大计数器的模，可用扭环形计数器。

一般来说，N位移位寄存器可以组成模2N的扭环形计数器，只需将末级输出反相后，接到串行输入端。

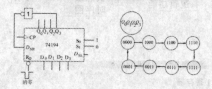

6.5 习题精选详解

6.1.1 已知一时序电路的状态表如表题 6.1.1 所示，A 为输入信号，试作出相应的状态图。

表题 6.1.1

现态(S^n)	次态／输出(S^n/Z)	
	$A = 0$	$A = 1$
a	$d/1$	$b/0$
b	$d/1$	$c/0$
c	$d/1$	$a/0$
d	$b/1$	$b/0$

解 由状态表可知有 4 个状态，画出状态图如图题解 6.1.1。

6.1.3 已知状态图如图题 6.1.3 所示,试作出它的状态表。

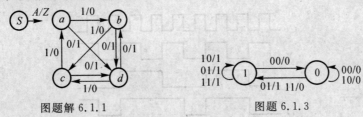

图题解 6.1.1　　　　　　图题 6.1.3

解　由状态图可以知道有两个状态,两个输入信号用 AB 表示,一个输出信号用 Y 表示,可以写出相应的状态表如表题解 6.1.3。

表题解 **6.1.3**

现态(S^n)	次态／输出(S^{n+1}/Y)			
	$AB=00$	$AB=01$	$AB=11$	$AB=10$
0	0/0	1/1	1/1	0/1
1	0/0	1/1	1/0	1/0

6.1.6 已知某时序电路的状态表如表题 6.1.6 所示,输入为 A,试画出它的状态图。如果电路的初始状态在 b,输入信号依次是 0,1,0,1,1,1,1,试求其相应的输出。

表题 **6.1.6**

现态(S^n)	次态／输出(S^{n+1}/Z)		现态(S^n)	次态／输出(S^{n+1}/Z)	
	$A=0$	$A=1$		$A=0$	$A=1$
a	$a/0$	$b/0$	d	$d/0$	$c/0$
b	$a/1$	$d/1$	e	$b/1$	$a/1$
b	$b/1$	$e/1$			

解　根据状态表,可以直接画出对应的状态图,如图题解 6.1.6(a) 所示。当电路的初始状态在 b,输入信号依次是 0,1,0,1,1,1,1 时,该电路输出依次为 1,0,1,0,1,0,1,如图解 6.1.6(b) 所示。

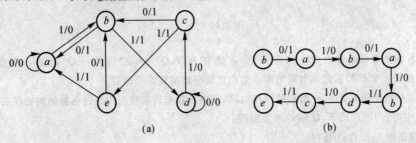

(a)　　　　　　　　　　(b)

图题解 6.1.6

6.1.7 已知某同步时序电路含有两个正边沿触发的 D 触发器,其激励方程组为

$$\begin{cases} D_0 = X_1 X_2 + X_1 Q_0 + X_2 Q_0 \\ D_1 = X_1 \oplus X_2 \oplus Q_0 \end{cases}$$

输出方程为 $Z = Q_1$

列出状态转换表和状态转换图,并分析逻辑功能。若输入信号的波形如图题 6.1.7 所示,且电路的初始

状态为 00，试画出 Q_1，Q_0 的波形。

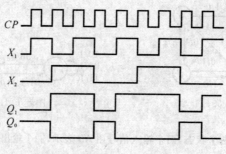

图题 6.1.7

解 根据已知的激励方程和 D 触发器的特征方程，可以得到电路的状态方程组

$$\begin{cases} Q_0^{n+1} = D_0 = X_1 X_2 + X_1 Q_0 + X_2 Q_0 \\ Q_1^{n+1} = D_1 = X_1 \oplus X_2 \oplus Q_0 \end{cases}$$

由状态方程组和输出方程可以得到状态表如表题解 6.1.7 所示，波形图如图题解 6.1.7 所示。

表题解 6.1.7

现态	次态 / 输出 $(Q_1^{n+1} Q_0^{n+1} / Z)$			
$(Q_1^n Q_0^n)$	$X_2 X_1 = 00$	$X_2 X_1 = 01$	$X_2 X_1 = 10$	$X_2 X_1 = 11$
00	00/0	10/0	10/0	01/0
01	10/0	01/0	01/0	11/0
10	00/1	10/1	10/1	01/1
11	10/1	01/1	01/1	11/1

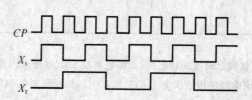

图题解 6.1.7

根据 $Q_1 Q_0$ 的波形可以看出 Q_1^{n+1} 是 $X_1^n + X_2^n + Q_0^n$ 的和数，Q_0^{n+1} 为 $X_1^n + X_2^n + Q_0^n$ 的进位，并要注意到 Q_1，Q_0 比 X_1，X_2 滞后一个 CP，因此该电路为同步时序逻辑电路实现的全加器。

6.2.1 试分析图题 6.2.1(a) 所示的时序电路，画出其状态表和状态图。设电路的初始状态为 0，试画出在图题 6.2.1(b) 所示的波形下，Q 和 Z 的波形图。

解 根据图题 6.2.1(a) 可得

$$D = Q^n \oplus A$$

由 D 触发器的特征方程可得

$$Q^{n+1} = D = Q^n \oplus A$$
$$Z = \overline{A Q^n}$$

由状态方程和输出方程可得状态表如表题 6.2.1 所示、状态图如图解 6.2.1(a) 所示和波形图如图解 6.2.1(b) 所示。

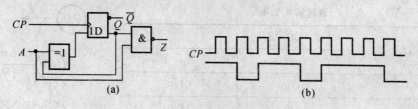

图题 6.2.1

表题 6.2.1

现态	次态 / 输出（Q^n/Z）	
（Q^n）	$A = 0$	$A = 1$
0	0/1	1/1
1	1/1	0/0

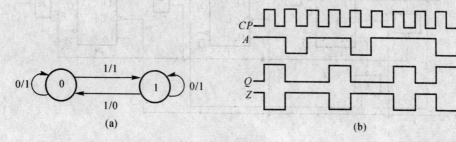

图解 6.2.1

6.2.4 分析图题 6.2.4 所示电路，写出它的激励方程组、状态方程组和输出方程，画出状态表和状态图。

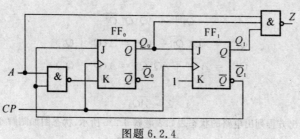

图题 6.2.4

解 激励方程

$$J_0 = \overline{Q_1}, \quad K_0 = \overline{A\,\overline{Q_1}}, \quad J_1 = Q_0, \quad K_1 = 1$$

状态方程

$$Q_1^{n+1} = \overline{Q_1^n}Q_0^n$$

$$Q_0^{n+1} = \overline{Q_1^n}\,\overline{Q_0^n} + A\,\overline{Q_1^n}Q_0^n = \overline{Q_1^n}(\overline{Q_0^n} + A)$$

输出方程

$$Z = AQ_1^nQ_0^n$$

根据状态方程组和输出方程组可列出状态表如表题解 6.2.4 所示，状态图如图题解 6.2.4 所示。

表题解 6.2.4

$Q_1^n Q_0^n$	$Q_1^{n+1} Q_0^{n+1}/Z$	
	$A=0$	$A=1$
00	01/0	01/0
01	10/0	11/0
10	00/0	00/0
11	00/0	00/1

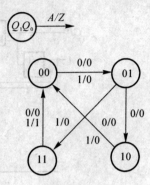

图题解 6.2.4

6.2.5 分析图题 6.2.5 所示同步时序电路，写出各触发器的激励方程、电路的状态方程和输出方程，画出状态表和状态图。

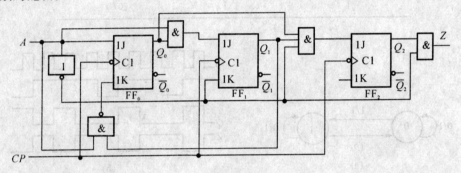

图题 6.2.5

解　激励方程

$$J_0 = A, \quad K_0 = \overline{AQ_1}, \quad J_1 = AQ_0, \quad K_1 = \overline{A}, \quad J_2 = \overline{A}Q_0 Q_1, \quad K_2 = 1$$

状态方程

$$Q_2^{n+1} = \overline{A}Q_0^n Q_1^n \overline{Q_2^n}$$

$$Q_1^{n+1} = AQ_0^n \overline{Q_1^n} + AQ_1^n = A(Q_1^n + Q_0^n)$$

$$Q_0^{n+1} = A \overline{Q_0^n} + AQ_1^n Q_0^n = A(Q_1^n + \overline{Q_0^n})$$

输出方程

$$Z = \overline{A}Q_2$$

根据状态方程组和输出方程列出电路的状态表如表题解 6.2.5 所示，状态图如图解 6.2.5 所示。

表题解 6.2.5

$Q_2^n Q_1^n Q_0^n$	$Q_2^n Q_1^n Q_0^n/Z$		$Q_2^n Q_1^n Q_0^n$	$Q_2^n Q_1^n Q_0^n/Z$	
	$A=0$	$A=1$		$A=0$	$A=1$
000	000/0	001/0	100	000/1	001/0
001	000/0	010/0	101	000/1	010/0
010	000/0	011/0	110	000/1	011/0
011	100/0	011/0	111	000/1	011/0

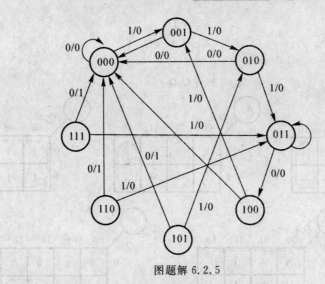

图题解 6.2.5

6.3.1　用 JK 触发器设计一个同步时序电路,状态表如表题 6.3.1 所示。

表题 6.3.1

$Q_1^n Q_0^n$	$Q_1^{n+1} Q_0^{n+1}/Y$	
	$A = 0$	$A = 1$
00	01/0	11/0
01	10/0	00/0
10	11/0	01/0
11	00/1	10/1

解　要设计的电路有 4 个状态,需要用两个 JK 触发器实现。

(1) 列状态转换表和激励表。由表题 6.3.1 所示的状态表和 JK 触发器的激励表,可列出状态转换表和对各触发器的激励信号,如表题解 6.3.1 所示。

表题解 6.3.1

Q_1^n	Q_0^n	A	Q_1^{n+1}	Q_0^{n+1}	Y	J_1	K_1	J_0	K_0
0	0	0	0	1	0	0	×	1	×
0	0	1	1	1	0	1	×	1	×
0	1	0	1	0	0	1	×	×	1
0	1	1	0	0	0	0	×	×	1
1	0	0	1	1	0	×	0	1	×
1	0	1	0	1	0	×	1	1	×
1	1	0	0	0	1	×	1	×	1
1	1	1	1	0	1	×	0	×	1

(2) 求激励方程组和输出方程。由表题解 6.3.1 画出各触发器 J,K 端和电路输出端 Y 的卡诺图如图解 6.3.1(a) 所示,从而得到化简的激励方程组

$$J_0 = K_0 = 1$$
$$J_1 = K_1 = A \oplus Q_0$$

输出方程

$$Y = Q_1 Q_0$$

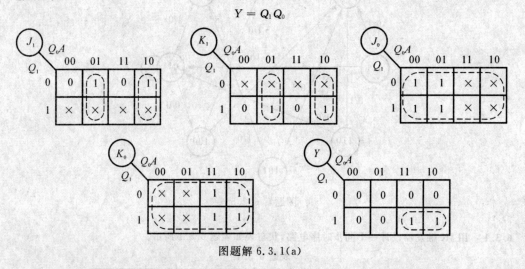

图题解 6.3.1(a)

由输出方程和激励方程画出电路如图题解 6.3.1(b) 所示。

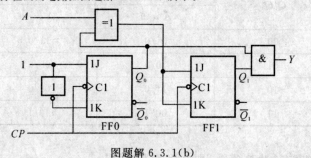

图题解 6.3.1(b)

6.3.4 试用下降沿触发的 D 触发器设计一同步时序电路,状态图如图题 6.3.4(a)所示,$S_0 S_1 S_2$ 的编码如图题 6.3.4(b) 所示。

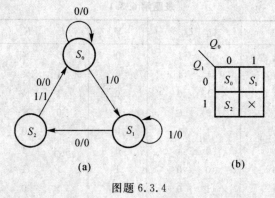

图题 6.3.4

解 图题 6.3.4(b)以卡诺图方式表达出所要求的状态编码方案,即 $S_0 = 00, S_1 = 01, S_2 = 10, S_3$ 为无效状态。电路需要两个下降沿触发的 D 触发器,设两个触发器的输出为 Q_1, Q_0,输入信号为 A,输出信号为 Y。

(1) 由状态图可直接列出状态转换真值表,如表题解 6.3.4 所示,无效状态的次态用无关项用 × 表示。

(2) 画出激励信号的输出信号的卡诺图,根据 D 触发器特性方程,由无效状态转换真值表直接画出 2 个卡诺图,如图题解 6.3.4(a) 所示。

(3) 由卡诺图得到激励方程

$$\begin{cases} D_1 = \overline{A}Q_0 \\ D_0 = A\overline{Q_1} \end{cases}$$

输出方程 $Y = AQ_1$

(4) 根据激励方程组和输出方程画出逻辑电路图,如图题解 6.3.4(b) 所示。

(5) 检查电路能否自启动,由 D 触发器特性方程可得图题解 6.3.4(b) 所示电路的状态方程组为

$$\begin{cases} Q_1^{n+1} = \overline{A}Q_0^n \\ Q_0^{n+1} = A\overline{Q_1^n} \end{cases}$$

代入无效状态 11 且 $A = 0$ 时,次态为 10,输出 $Y = 0$;代入无效状态 11 且 $A = 1$ 时,次态为 00,输出 $Y = 1$。因此电路处于无效状态 11 时能自启动进入有效循环,电路能自启动。

表题解 6.3.4

Q_1^n	Q_0^n	A	$Q_1^{n+1}(D_1)$	$Q_0^{n+1}(D_0)$	Y
0	0	0	0	0	0
0	0	1	0	1	0
0	1	0	1	0	0
0	1	1	0	1	0
1	0	0	0	0	0
1	0	1	0	0	1
1	1	0	×	×	×
1	1	1	×	×	×

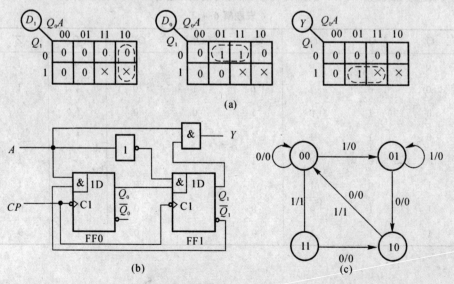

图题解 6.3.4

6.4.1 一时序电路如图题 6.4.1(a)所示,试画出在 CP 的作用下,Q_0,Q_1,Q_2 和 Z 端的波形。设各触发器的初态均为 0。

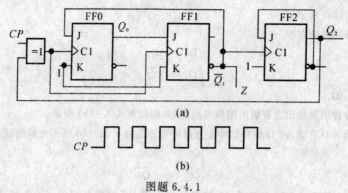

(a)

CP

(b)

图题 6.4.1

解 （1）写出各逻辑方程

时钟方程：
$$\begin{cases} CP_0 = CP_1 = CP \oplus Q_2^n \\ CP_2 = \overline{Q_1^n} \end{cases}$$

对于 CP_0 和 CP_1,当 $Q_2 = 0$ 时,CP 上升沿触发;当 $Q_2 = 1$ 时,CP 下降沿触发。对于 CP_2,仅当 Q_1 从 1 → 0 时,Q_2 才能改变,否则 Q_2 保持不变。

输出方程：$Z = \overline{Q_1^n}$

驱动方程：
$$\begin{cases} J_0 = \overline{Q_1^n} \\ K_0 = 1 \end{cases} \quad \begin{cases} J_1 = Q_0^n \\ K_1 = 1 \end{cases} \quad \begin{cases} J_2 = \overline{Q_2^n} \\ K_2 = 1 \end{cases}$$

（2）写出状态方程

$$\begin{cases} Q_0^{n+1} = J_0 \overline{Q_0^n} + \overline{K_0} Q_0^n = \overline{Q_1^n}\, \overline{Q_0^n} \\ Q_1^{n+1} = J_1 \overline{Q_1^n} + \overline{K_1} Q_1^n = \overline{Q_1^n} Q_0^n \\ Q_2^{n+1} = J_2 \overline{Q_2^n} + \overline{K_2} Q_2^n = \overline{Q_2^n} \end{cases}$$

（3）列状态表如表题解 6.4.1 所示,画状态图和波形图如图题解 6.4.1(a)(b)所示。

表题解 6.4.1

Q_2^n	Q_1^n	Q_0^n	Q_2^{n+1}	Q_1^{n+1}	Q_0^{n+1}	CP_2	Z
0	0	0	0	0	1	→	1
0	0	1	0	1	0	↓	1
0	1	0	1	0	0	↑	0
0	1	1	1	0	0	↑	0
1	0	0	1	0	1	→	1
1	0	1	1	1	0	↓	1
1	1	0	0	0	0	↑	0
1	1	1	0	0	0	↑	0

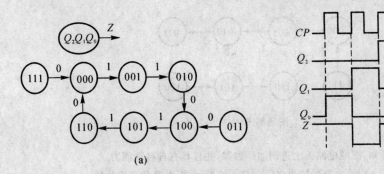

图题解 6.4.1

6.4.3 试分析图题 6.4.3 所示时序电路的逻辑功能。

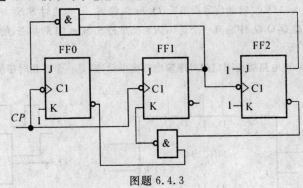

图题解 6.4.3

解 (1)根据逻辑图写出时钟方程和驱动方程：

时钟方程：$CP_0 = CP_1 = CP$，$CP_2 = Q_1$

驱动方程：$\begin{cases} J_0 = \overline{Q_2^n Q_1^n} \\ K_0 = 1 \end{cases}$，$\begin{cases} J_1 = Q_0^n \\ K_1 = \overline{\overline{Q_0^n} \ \overline{Q_2^n}} \end{cases}$，$\begin{cases} J_2 = 1 \\ K_2 = 1 \end{cases}$

(2)写出状态方程

$$\begin{cases} Q_2^{n+1} = \overline{Q_2^n} \\ Q_1^{n+1} = \overline{Q_1^n} Q_0^n + \overline{Q_2^n} Q_1^n \ \overline{Q_0^n} \\ Q_0^{n+1} = \overline{Q_2^n Q_1^n} \ \overline{Q_0^n} \end{cases}$$

(3)根据状态方程和各触发器的时钟信号写出状态表如表题解 6.4.3 所示和状态图如图题解 6.4.3 所示。

表题解 6.4.3

Q_2^n	Q_1^n	Q_0^n	Q_2^{n+1}	Q_1^{n+1}	Q_0^{n+1}	CP_2	CP_1	CP_0
0	0	0	0	0	1	→	↓	↓
0	0	1	0	1	0	↑	↓	↓
0	1	0	0	1	1	↓	↓	↓
0	1	1	1	0	0	↓	↓	↓
1	0	0	1	0	1	→	↓	↓
1	0	1	1	1	0	↑	↓	↓
1	1	0	0	0	0	↓	↓	↓
1	1	1	0	0	0	↓	↓	↓

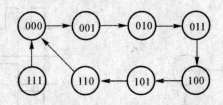

图题解 6.4.3

（4）由状态表和状态图可知，图题电路为七进制加计数器，并且具有自启动能力。

6.5.1 试画出图题 6.5.1 所示电路的输出（$Q_3 \sim Q_0$）波形，分析电路的逻辑功能。

解 74HC194 功能由 $S_1 S_0$ 控制，$S_1 S_0 = 00$ 保持，$S_1 S_0 = 01$ 右移，$S_1 S_0 = 10$ 左移，$S_1 S_0 = 11$ 并行输入。

当启动信号端输入一低电平时，使 $S_1 = 1$。这时 $S_0 = S_1 = 1$。移位寄存器 74HC194 执行并行输入功能，$Q_3 Q_2 Q_1 Q_0 = D_3 D_2 D_1 D_0 = 1110$。启动信号撤销后，$Q_0 = 0$，使 $S_1 = 0$，这时 $S_1 S_0 = 01$，寄存器执行右移操作。在移位过程中，因为 $Q_3 Q_2 Q_1 Q_0$ 中总有一个是 0，因而能维持 $S_1 S_0 = 01$ 的状态，使右移操作能持续进行。移位情况如图题解 6.5.1 所示。

由图题解 6.5.1 可知，该电路能按固定的时序输出低电平脉冲，是一个四相时序脉冲产生电路。

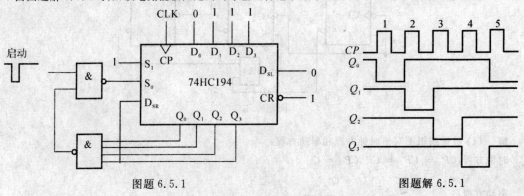

图题 6.5.1

图题解 6.5.1

6.5.2 试用两片 74HCT194 构成 8 位双向移位寄存器。

解 两片 74HCT194 的 S_1 和 S_0 相连共同控制状态，并将一片 74HCT194 的 Q_3 连另一片的 D_{SR}，而另一片的 Q_0 连第一片的 D_{SL}，所以电路如图题解 6.5.2 所示。

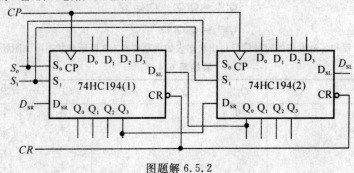

图题解 6.5.2

6.5.3 在某计数器的输出端观察到如图题 6.5.3 所示的波形，试确定该计数器的模。

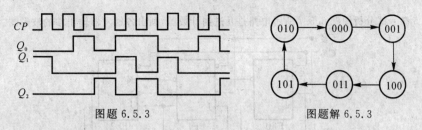

图题解 6.5.3   图题解 6.5.3

解 $Q_2 Q_1 Q_0$ 的独立状态有 010，000，001，100，011，101。其状态转换图如图题解 6.5.3。

因此，该计数器的独立状态数为 6，模 $M = 6$。

6.5.6   试用上升沿触发的 D 触发器及门电路组成 3 位同步二进制加计数器，画出逻辑图。

解   3 位二进制计数器需要用 3 个触发器。因是同步计数器，故 3 个触发器的 CP 端接同一时钟脉冲源。

(1) 列出该计数器的状态表和激励表，如表题解 6.5.6 所示。

表题解 6.5.6

CP	Q_2^n	Q_1^n	Q_0^n	Q_2^{n+1}	Q_1^{n+1}	Q_0^{n+1}	D_2	D_1	D_0
0	0	0	0	0	0	1	0	0	1
1	0	0	1	0	1	0	0	1	0
2	0	1	0	0	1	1	0	1	1
3	0	1	1	1	0	0	1	0	0
4	1	0	0	1	0	1	1	0	1
5	1	0	1	1	1	0	1	1	0
6	1	1	0	1	1	1	1	1	1
7	1	1	1	0	0	0	0	0	0

(2) 用卡诺图化简（见图题解 6.5.6(a)），得激励方程

$$D_2 = Q_2 \overline{Q_1} + Q_2 \overline{Q_0} + \overline{Q_2} Q_1 Q_0 = Q_2 \oplus (Q_1 Q_0)$$

$$D_1 = \overline{Q_1} Q_0 + Q_1 \overline{Q_0} = Q_1 \oplus Q_0$$

$$D_0 = \overline{Q_0}$$

(3) 画出电路如图题解 6.56(b) 所示。

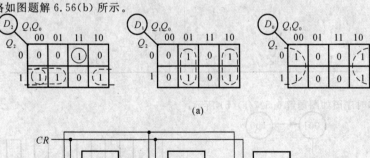

(a)

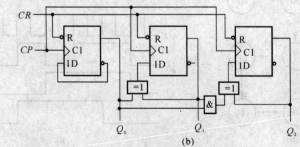

(b)

图题解 6.5.6

6.5.7 试分析图题 6.5.7 所示电路是几进制计数器，画出各触发器输出端的波形图。

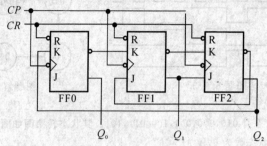

图题 6.5.7

解 （1）驱动方程

$$\begin{cases} J_0 = 1 \\ K_0 = Q_2^n \end{cases}, \quad \begin{cases} J_1 = \overline{Q_2^n} \\ K_1 = \overline{Q_0^n} \end{cases}, \quad \begin{cases} J_2 = Q_1^n \\ K_2 = \overline{Q_1^n} \end{cases}$$

（2）状态方程

$$Q_0^{n+1} = \overline{Q_2^n} + \overline{Q_0^n}$$

$$Q_1^{n+1} = \overline{Q_2^n}\,\overline{Q_1^n} + Q_1^n Q_0^n$$

$$Q_2^{n+1} = Q_1^n$$

（3）状态表如表题解 6.5.7 所示。

表题解 6.5.7

Q_2^n	Q_1^n	Q_0^n	Q_2^{n+1}	Q_1^{n+1}	Q_0^{n+1}
0	0	0	0	1	1
0	0	1	0	1	1
0	1	0	1	0	1
0	1	1	1	1	1
1	0	0	0	0	1
1	0	1	0	0	0
1	1	0	1	0	1
1	1	1	1	1	0

（4）状态图和时序图如图题解 6.5.7(a)(b) 所示。

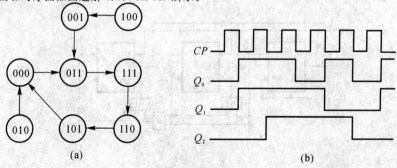

(a)　　　　　　　　　(b)

图题解 6.5.7

根据状态图和时序图可以看出该电路是五进制计数器,能够自启动。

6.5.10 用 JK 触发器设计一个同步六进制加计数器。

解 需要 3 个触发器

(1) 列出状态表和激励表,如表题解 6.5.10 所示。

表题解 6.5.10

CP	Q_2^n	Q_1^n	Q_0^n	Q_2^{n+1}	Q_1^{n+1}	Q_0^{n+1}	J_2	K_2	J_1	K_1	J_0	K_0
0	0	0	0	0	0	1	0	$\times$	0	$\times$	1	$\times$
1	0	0	1	0	1	0	0	$\times$	1	$\times$	$\times$	1
2	0	1	0	0	1	1	0	$\times$	$\times$	0	1	$\times$
3	0	1	1	1	0	0	1	$\times$	$\times$	1	$\times$	1
4	1	0	0	1	0	1	$\times$	0	0	$\times$	1	$\times$
5	1	0	1	0	0	0	$\times$	1	0	$\times$	$\times$	1
	1	1	0	$\times$	$\times$	$\times$	$\times$	$\times$	$\times$	$\times$	$\times$	$\times$
	1	1	1	$\times$	$\times$	$\times$	$\times$	$\times$	$\times$	$\times$	$\times$	$\times$

(2) 用卡诺图(见图题解 6.5.10(a))化简得激励方程

$$\begin{cases} J_2 = Q_1 Q_0 \\ K_2 = Q_0 \end{cases}, \quad \begin{cases} J_1 = \overline{Q_2} Q_0 \\ K_1 = Q_0 \end{cases}, \quad \begin{cases} J_0 = 1 \\ K_0 = 1 \end{cases}$$

(3) 画出电路图,如图题解 6.5.10(b) 所示。

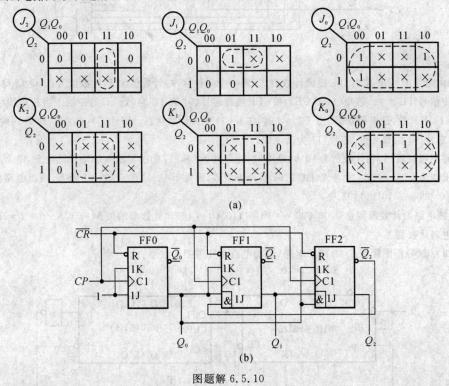

(a)

(b)

图题解 6.5.10

(4) 检查自启动能力。当计数器进入无效状态 110 时,在 CP 脉冲作用下,电路的状态将按 110 → 111 → 000 变化,计数器能够自启动。

6.5.15 试用 74HCT161 设计一个计数器,其计数状态为自然二进制数 1001~1111。

解 由设计要求可知,74HCT161 在计数过程中要跳过 0000~1000 九个状态而保留 1001~1111 七个状态。因此,可用"反馈置数法"实现:令 74HCT161 的数据输入端 $D_3D_2D_1D_0 = 1001$,并将进位信号 TC 经反相器反相后加至并行置数使能端上。所设计的电路如图题解 6.5.15 所示。161 为异步清零,同步置数。

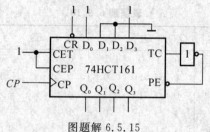

图题解 6.5.15

6.5.17 试分析图题 6.5.17 所示的电路,说明它是多少进制的计数器。

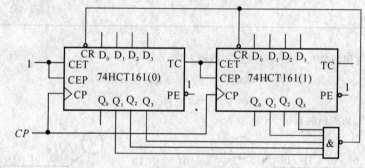

图题 6.5.17

解 由电路图可知,芯片(0)接成计数方式,来一个时钟脉冲,计数值加 1,计数值为 $Q_3Q_2Q_1Q_0 = 1111$ 时产生进位信号 TC = 1。芯片(1)的 CET 和 CEP 接到芯片(0)的 TC 端,受 TC 的控制。当芯片(0)的 TC = 0 时,芯片(1)不计数,是保持状态,当 TC = 1 时,芯片(1)变为计数状态。因此芯片(0)和(1)共同构成一个 8 位计数器,芯片(0)为低 4 位,芯片(1)为高 4 位。

从电路图可以看出,当计数值为 1010 1110 时,使芯片(0)和(1)的清零输入端输入低电平,两个芯片同时清零使输出变为 0000 0000。由于 74HCT161 是异步清零,因此 1010 1110 只是一个瞬态,所以电路的稳定状态是从 0000 0000~1010 1101。

因此,该电路的计数范围是 0000 0000~1010 1101(0~173),计数器的模 $M = 173 - 0 + 1 = 174$,即一百七十四进制计数器。

6.5.18 试分析图题 6.5.18 所示电路,说明电路是几进制计数器。

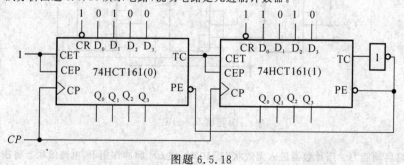

图题 6.5.18

解　两片74HCT161级联后,最多能有 $16^2 = 256$ 个不同的状态。而用"反馈置数法"构成的图题6.5.18所示电路中,数据输入端所加的数据0101 0010,它对应的十进制数是82,说明该电路在置数以后从0101 0010开始计数,跳过了82个状态。

因此,该电路的计数范围是0101 0010 ~ 1111 1111(82 ~ 255),计数器的模 $M = 255 - 82 + 1 = 174$,即一百七十四进制计数器。

6.5.19　试用74HCT161构成同步二十四进制计数器,要求采用两种不同的方法。

解　因为 $M = 24$,有 $16 < M < 256$,所以要用两片74HCT161。将两个芯片的 CP 端直接与计数脉冲相连,构成同步电路,并将低位芯片的进位信号连到高位芯片的计数使能端。用反馈清零法或反馈置数法跳过 $256 - 24 = 232$ 个多余的状态。

反馈清零法:利用74HCT161的异步清零功能,在第24个计数脉冲后,电路的输出状态为0001 1000时,将低位芯片的 Q_3 及高位芯片的 Q_0 信号经过与非门产生清零信号,输出到两个芯片的异步清零端,使计数器从0000 0000状态开始重新计数。其电路如图题解 6.5.19(a) 所示。

反馈置数法:利用74HCT161的同步置数功能,在两片74HCT161的数据输入端上从高位到低位分别加上1110 1000(对应十进制数是232),并将高位芯片的进位信号经反相器接至并行置数使能端。这样,在第23个脉冲后,电路的输出状态为1111 1111,使进位信号 $TC = 1$,将并行置数使能端置零。在第24个脉冲后,将1110 1000状态置入计数器,并从此状态开始重新计数。其电路如图题解 6.5.19(b)。

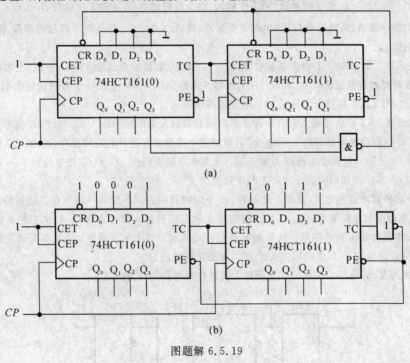

图题解 6.5.19

6.5.20　用一个全加器和一个D触发器及两个8位移位寄存器 A,B 构成的8位串行加法电路如图题6.5.20所示。图中,CLK 为时钟输入端,$\overline{LD}$ 为置数控制输入端,当 $\overline{LD} = 0$ 时,8位被加数 $A_{7\sim0}$ 和8位加数 $B_{7\sim0}$ 将分别进入移位寄存器 A 和 B;AE 为加运算控制端,当 $AE = 1$ 时,进行串行加法运算,输入8个时钟脉冲后恢复为0;$S_{7\sim0}$ 为8位和输出端;C 为进位输出端。移位寄存器 A,B 的 CP 端为时钟输入端,$\overline{PE}$ 端为并行置数控制端,D_{SI} 和 D_{SO} 端分别为串行数据输入端、输出端。试分析电路的工作原理。

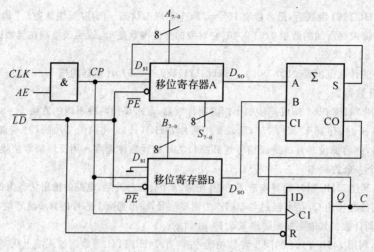

图题 6.5.20

解 该电路工作过程如下：

(1) 置数。令 $AE=0$，禁止时钟脉冲 CLK 输入，将 8 位被加数 $A_{7\sim0}$ 和 8 位加数 $B_{7\sim0}$ 以左高右低的形式分别置于移位寄存器 A，B，然后令 $\overline{LD}$ 产生低电平脉冲，将 $A_{7\sim0}$ 和 $B_{7\sim0}$ 置入两个移位寄存器，完成置数，同时将 D 触发器置零。

(2) 加法运算。第一步后，D 触发器被置零，$Q=0$，所以全加器的进位输入端 $CI=0$。全加器的 A，B 输入端分别为加数和被加数的最低位 A_0 和 B_0，在全加器 S 端得到 $S_0=A_0+B_0+0$，在进位输出端 CO 得到 A_0+B_0+0 的进位信号 C_0，并将这个信号送至 D 触发器的输入端。

此时将 AE 置 1，CLK 信号输入到两个移位寄存器和 D 触发器的时钟输入端。当 CLK 信号的第一个上升沿到时，C_0 寄存到 D 触发器，即 $CI=Q=C_0$，同时两个移位寄存器开始右移操作，S_0 移入移位寄存器 A 的最高位，A_1 和 B_1 分别出现在全加器 A，B 输入端。于是在 S 端得到 A_1，B_1 和 C_0 相加的和 $S_1=A_1+B_1+C_0$，此时 $CO=C_1$，为本位相加后向高一位产生的进位值。

在下一个时钟脉冲沿到达时，重复上述过程。8 个时钟脉冲后，AE 置 0，一次 8 位二进制加法运算结束。

(3) 读出和值。运算结束后，两个 8 位二进制数之和全部被移入移位寄存器 A，从它的 8 位并行输出端 $S_{7\sim0}$ 可以读出串行加法运算的结果。从 D 触发器 $C=Q$ 的输出状态可以判断加法运算是否正确。如果 $C=0$，说明和值正确，如果 $C=1$，说明和值大于 255，加法运算溢出。

6.6.1 试用 Verilog 写出图题 6.6.1 所示 4 位移位寄存器的行为描述。

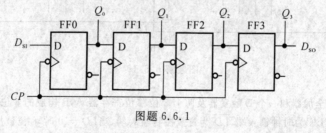

图题 6.6.1

解 4 位移位寄存器的 Verilog 行为描述程序为

```
module shifter(Q, Dis, Dso, CP);
    input Dsi, CP;
    output Dso;
    output [3:0]Q;
```

```
reg [3:0]Q;
reg Dso;
always @ (posedge CP)
begin
    Q[0]<=Dsi;
    Q<=D<<1;
    Dso<=Q[3];
end
endmodule
```

6.6.2 试用 Verilog 写出一个 4 位二进制可逆计数器的行为描述。要求具有 5 种功能,即异步清零、同步置数、加计数、减计数和保持原有状态不变。且要求计数器能输出进位信号和借位信号,当计数器递增计数到最大值时,产生一个高电平有效的进位信号 Co;当计数器递减计数到最小值时,产生一个高电平有效的借位信号 Bo。

解　4 位二进制可逆计数器的 Verilog 行为描述为

```
module Counter(Q, Co, Bo, nCR, CP, S1, S0, Din);
    parameter Width=4;
    input nCR, CP;
    input [Width-1:0]Din;
    input S1, S0;
    output [Width-1:0]Q;
    reg [Width-1:0]Q;
    output Co, Bo;
    wire Co, Bo;
    always @ (posedge CP or negedge nCR);
    begin
        if (~nCR) Q<4'h0;
        else
            else ( {S1, S0});
2'b00: Q<=Din;
        2'b01: Q<=Q+1;
2'b10: Q<=Q-1;
2'b11: Q<=Q;
            endcase
        end
    assign Co=&Q;
    assign Bo=~|Q;
endmodule
```

第7章 存储器、复杂可编程器件和现场可编程阵列

7.1 教学建议

(1)在 RAM 的教学中,应让学生理解 RAM 的基本结构,控制时序和容量扩展的方法。

(2)在 ROM 内容的教学中,应重点介绍 PROM 的与、或阵列的编程原理,为后续学习可编程器件 PLD 的编程原理打基础。

(3)在可编程逻辑器件 PLA 的教学中,应使学生了解 PAL,GAL 的结构,工作特点,编程实现组合逻辑、时序逻辑的原理。了解 GAL 的输出逻辑宏单元 OLMC 的工作原理和对 GAL 工作模式的影响。

(4)学习复杂可编程逻辑器件 CPLD 和 FPGA 时,应引导学生了解 CPLD/FPGA 的结构区别,CPLD 基本结构是基于乘积项结构的,而 FPGA 基本结构是基于查找表加寄存器结构的。了解 CPLD/FPGA 选型方面的基本思想。为了增强感性认识,应结合上机,体会 CPLD/FPGA 开发流程。

7.2 主要概念

一、内容要点精讲

1.随机存取存储器 RAM

(1)随机存取存储器 RAM 的概念和分类。随机存取存储器 RAM 能够随时读出和写入数据,当写入数据时,原来保存的数据丢失,断电后,存储的数据丢失。

按照存储单元存储原理的不同,RAM 可以分为静态 RAM 和动态 RAM。静态 RAM 中的数据由锁存器记忆,不断电数据能始终保存;而动态 RAM 存储数据的原理是基于电容的电荷存储效应,由于漏电流的存在,电容上存储的数据不能长久保存,因此必须定期给电容补充电荷,以避免存储数据的丢失,称为刷新。

(2)RAM 的基本结构。RAM 一般由存储矩阵、地址译码器和读写控制电路组成,如图7.1所示。

存储矩阵:由大量基本存储单元组成,每个存储单元可以存储 1 位二进制数。存储器以字为单位组织,一个字含有若干个存储单元。一个字含有的存储单元被称为字长(位数),一般用字数和位数的乘积表示 RAM 的存储容量。

地址译码器:对 RAM 地址线上的二进制信号进行译码,以便选中与该地址对应的字,使其在读/写控制器的控制下进行读/写操作。存储矩阵中存储单元的编址方法有两种,一种是单译码编址方式,适用于小容量的存储器,一种是双译码编址方式,采用行、列地址分别译码选通存储单元的方式,适用于大容量存储器。采用双译码编址方式可以减少内部地址线的数量。

读写控制电路:控制 RAM 的工作状态,可以进行读或者写操作。

(3)RAM 容量的扩展。如果一片 RAM 满足不了系统对存储容量的要求,可以把几片 RAM 组合在一起构成较大容量的存储器,这就是 RAM 的扩展。可以分为位扩展和字扩展两种情况。位扩展采用芯片的并联方式实现;字扩展通过外加译码器,控制存储器芯片的片选端实现。

2. 只读存储器 ROM

(1) ROM 电路的基本结构。ROM 一般由存储阵列、地址译码器和输出控制电路三部分组成,如图 7.2 所示。

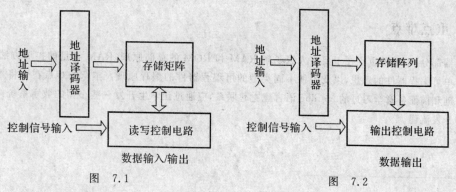

图　7.1　　　　　　　　　　　　　　　　图　7.2

(2) ROM 的分类。只读存储器 ROM 可分为固定 ROM 和可编程 ROM,而可编程 ROM 又可分为一次编程 ROM(PROM)、紫外线光可擦除 ROM(EPROM)、电可擦除可编程 ROM(E^2PROM)和快闪存储器(FLASH)。

(3) ROM 的应用。在数字系统中,ROM 得到广泛的应用,除了存储程序、表格和大量固定数据外,它还可以用来实现代码转换和逻辑函数。

3. 可编程逻辑器件 PLD

PLD 可以按照集成度进行分类

$$
\text{PLD} \begin{cases} \text{低密度 PLD} \begin{cases} \text{PROM} \\ \text{PLA} \\ \text{PAL} \\ \text{GAL} \end{cases} \\ \text{高密度 PLD} \begin{cases} \text{CPLD} \\ \text{FPGA} \end{cases} \end{cases}
$$

(1) 低密度 PLD。

PROM:由固定与阵列和可编程或阵列组成。与阵列是"全译码"阵列,随着输入变量增多,与阵列增大,开关时间变长,速度变慢。因此,一般只有小规模的 PROM 才能作为可编程逻辑器件使用,密度高达 2 百万位/片的大规模 PROM,一般只作为存储器使用。

PLA:可编程逻辑阵列 PLA 是一个与、或阵列都可编程的阵列,用来实现乘积项的求和,因此 PLA 只能实现组合逻辑器件。

PAL:与 PLA 器件相似,但是它的与、或阵列是固定的,这减小了灵活性但是简化了程序。PAL 有许多产品型号,不同型号的器件其内部与阵列的结构基本是相同的,但输出电路的结构和反馈方式却不相同,给用户带来不便。

GAL:由于不同输出结构的 PAL 器件对应不同的型号,给用户使用带来不便。GAL 是在 PAL 基础上发展起来的新一代可编程逻辑器件,继承了 PAL 的与、或阵列结构,利用灵活的输出逻辑宏单元来增强输出功能,具有可擦除、可重新编程和可重新配置结构等功能,可工作在简单型、复杂型、寄存器型几种工作模式。这样同一型号的 GAL 器件可以实现 PAL 所有的各种输出电路模式,取代了大部分 PAL 器件,因此称为可编程逻辑器件。

(2) 高密度 PLD。

复杂可编程逻辑器件 CPLD:是在 GAL 基础上发展起来的复杂可编程逻辑器件,采用先进的 E^2CMOS

工艺,集成度更高,可以在线编程。

现场可编程门阵列 FPGA:采用查找表实现逻辑函数,其中包含数量众多的 LUT 和触发器,从而可以实现更大规模、更复杂的逻辑电路。

二、重点难点

存储器部分,本章的重点在于要求大家了解 RAM 和 ROM 的存储原理,RAM 容量的扩展方法。ROM 作为最简单可编程器件的思想,以及各种不同类型的可编程器件的编程原理。本章的难点在于将本章学习的硬件基础和前面各章学习过的 Verilog 语言建立起联系,应通过让学生开发一些小型的数字系统体会可编程器件的开发流程。

7.3 例题

例 7.3.1 试用 ROM 实现两个 2 位二进制数的加法运算。

分析 因为 ROM 的与阵列是全译码阵列,所以应将函数写成最小项之和的形式然后实现。

解 (1)列出逻辑真值表如表 7.1 所示。

表 7.1

A_1	A_0	B_1	B_0	L_2	L_1	L_0
0	0	0	0	0	0	0
0	0	0	1	0	0	1
0	0	1	0	0	1	0
0	0	1	1	0	1	1
0	1	0	0	0	0	1
0	1	0	1	0	1	0
0	1	1	0	0	1	1
0	1	1	1	1	0	0
1	0	0	0	0	1	0
1	0	0	1	0	1	1
1	0	1	0	1	0	0
1	0	1	1	1	0	1
1	1	0	0	0	1	1
1	1	0	1	1	0	0
1	1	1	0	1	0	1
1	1	1	1	1	1	0

(2)写出输出的逻辑表达式

$$L_2 = \sum m(7,10,11,13,14,15);$$

$$L_1 = \sum m(2,3,5,6,8,9,12,15);$$

$$L_0 = \sum m(1,3,4,6,9,11,12,14)$$

(3)简化的 ROM 阵列表如图 7.3 所示。

评注：与阵列不可编程，使得 ROM 实现逻辑函数效率较低，资源浪费较多。

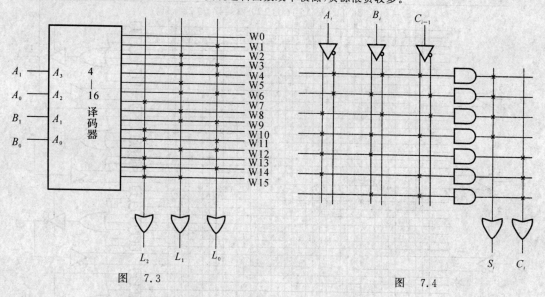

图   7.3   图   7.4

例 7.3.2   用 PLA 实现全加器的逻辑函数，并画出编程后的阵列图。

分析   PLA 的与或阵列都可编程，故实现时将函数写成最简与或式，然后进行实现。

解   全加器的逻辑函数为

$$S_i = \overline{A_i}\,\overline{B_i}C_{i-1} + \overline{A_i}B_i\,\overline{C_{i-1}} + A_i\,\overline{B_i}\,\overline{C_{i-1}} + A_iB_iC_{i-1}$$

$$C_i = A_iB_i + B_iC_{i-1} + A_iC_{i-1}$$

PLA 的与或阵列都可编程，编程后的阵列图如图 7.4 所示。

例 7.3.3   分析图 7.5 的逻辑电路，写出输出逻辑函数的表达式。

解   输出 L 的表达式为

$$L = \overline{A}\,\overline{B}C\overline{D} + AB\overline{C}\,\overline{D} + \overline{B}CD + \overline{A}\,\overline{B}CD + A\overline{B}\,\overline{C}\,\overline{D}$$

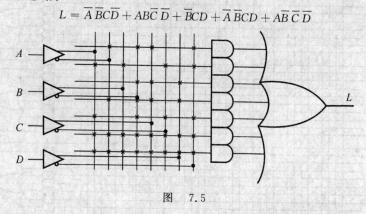

图   7.5

例 7.3.4   PAL16L8 编程后的电路如图 7.6 所示，写出 X, Y 和 Z 的逻辑函数表达式。

解 $OE = 1$ 时，X, Y, Z 的逻辑表达式为

$$X = \overline{A\overline{B} + A\overline{C} + \overline{B}\,\overline{C}}$$

$$Y = \overline{DEF + \overline{D}\,\overline{E}F + \overline{D}E\overline{F} + D\overline{E}\,\overline{F}}$$

$$Z = \overline{\overline{G}\,\overline{H} + GHJ}\quad(\text{J 为 15 作为输入脚})$$

$OE = 0$ 时，输出均为高阻态。

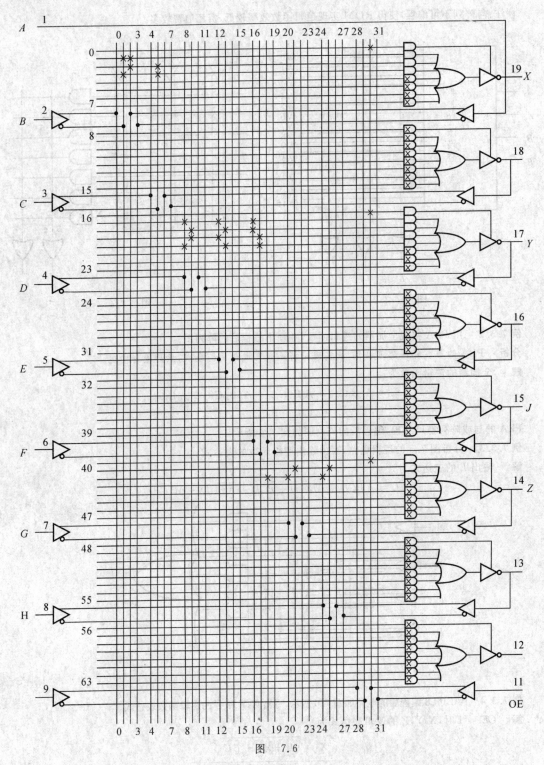

图 7.6

例 7.3.5 设输入逻辑变量为 A, B, C 和 D，用图所示的 PAL16L8 实现逻辑函数

$$L_1(A,B,C,D) = \overline{\sum m(0,5,10,11)}, \quad L_2(A,B,C,D) = \sum m(4,7,11,14)$$

$L_3(A,B,C,D) = \overline{\sum m(1,3,5,15)}$，试画出编程后的电路图。

解　若 A,B,C,D 由引脚 1,2,3,4 输入，L_1,L_2,L_3 由引脚 19,18,17 输出，11 脚为输出使能 OE，则编程后的电路图如图 7.7 所示。

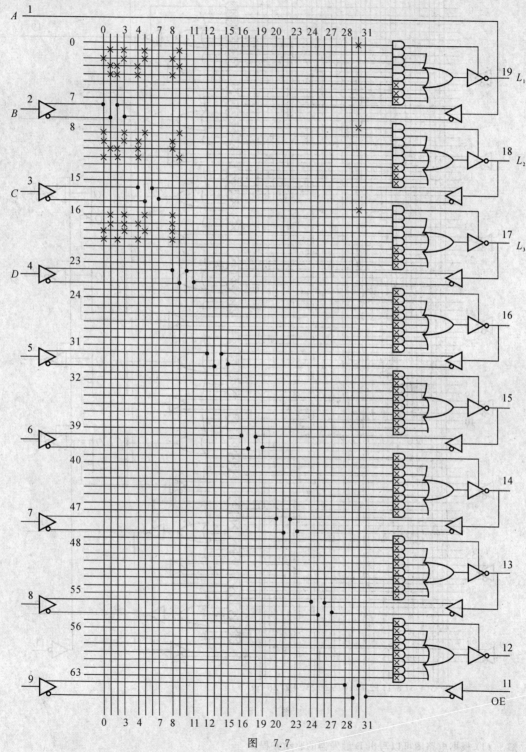

图　7.7

例 7.3.6 试分析图 7.8 所示电路，说明该电路的逻辑功能。

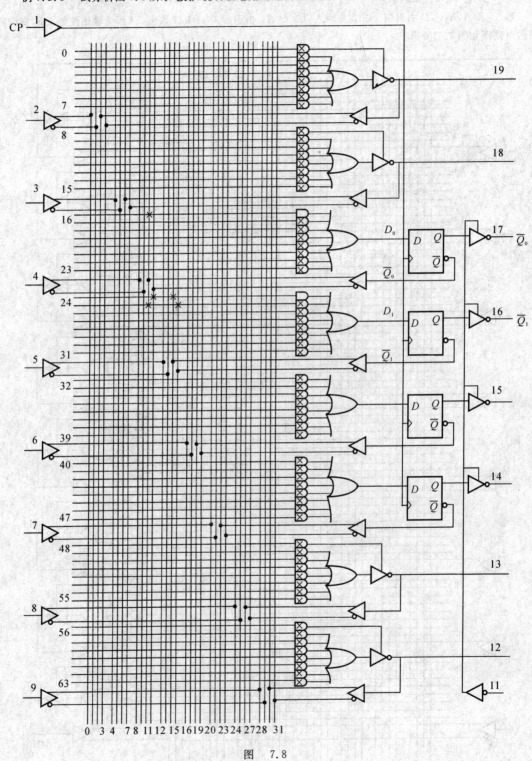

图 7.8

解 （1）根据电路图可以写出 D 触发器的驱动方程：

$$D_0 = \overline{Q_0^N}, \quad D_1 = Q_1^N \, \overline{Q_0^N} + \overline{Q_1^N} Q_0^N$$

（2）由驱动方程写出触发器的次态方程

$$Q_0^{N+1} = \overline{Q_0^N}, \quad Q_1^{N+1} = Q_1^N \, \overline{Q_0^N} + \overline{Q_1^N} Q_0^N$$

（3）由状态方程列出状态转移真值表如表 7.2 所示。

表　7.2

Q_1^N	Q_0^N	Q_1^{N+1}	Q_0^{N+1}
0	0	0	1
0	1	1	0
1	0	1	1
1	1	0	0

可见,电路是 2 位二进制加法计数器。

7.4　参考用 PPT

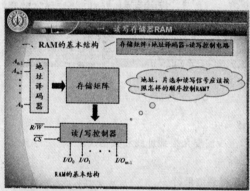
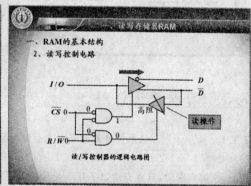
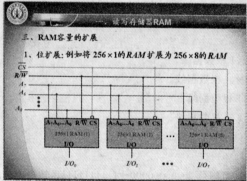
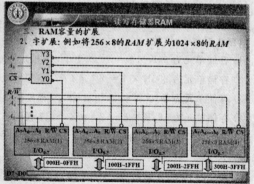

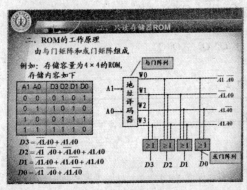
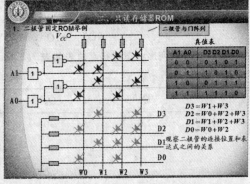
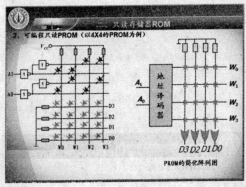
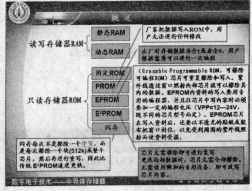

7.5 习题精选详解

7.1.1 指出下列存储系统各具有多少个存储单元,至少需要几根地址线和数据线。

(1)64K×1 (2)256K×4 (3)1M×1 (4)128K×8

解 求解本题时,只要弄清以下几个关系就能很容易得到结果。

存储单元数 = 字数×位数。

地址线根数(地址码的位数)n 与字数 N 的关系为:$N = 2^n$。

数据线根数 = 位数。

(1)存储单元为 64K×1 = 2^{16}×1 个,16 根地址线,1 根数据线。

(2)存储单元为 256K×4 = 2^{18}×4 个,18 根地址线,4 根数据线。

(3)存储单元为 1M×1 = 2^{20}×1 个,20 根地址线,1 根数据线。

(4)存储单元为 128K×8 = 2^{17}×8 个,17 根地址线,8 根数据线。

7.1.2 设存储器的起始地址为全 0,试指出下列存储系统的最高地址为多少。

(1)2K×1 (2)16K×4 (3)256K×32

解 以 2K×1 的存储器为例,地址线为 11 根,故地址范围是 00000000000～11111111111,转换成十六进制是 000H～7FFH,故该题答案如下:

(1)7FFH (2)3FFFH (3)3FFFFH'

7.1.3 试确定用 ROM 实现下列逻辑函数时需要的容量:

(1)实现两个 3 位二进制数相乘的乘法器。

(2)将 8 位二进制数转换成十进制数(用 BCD 码表示)的转换电路。

解 (1)根据题意可知:该函数输入两个 3 位二进制数,每个数最大到 7,相乘结果最大到 49,需要 6 位二进制数表示,故该 ROM 容量为 6×6。

(2)输入 8 位二进制数最大是 FFH,转换成 8421BCD 码是 1001010101,故该 ROM 容量是 8×10。

7.1.4　用一片 128×8 位的 ROM 实现各种码制之间的转换。要求用从全 0 地址开始的前 16 个地址单元实现 8421BCD 码到余 3 码的转换;接下来的 16 个地址单元实现余 3 码到 8421BCD 码的转换。

(1)列出 ROM 的地址与内容对应关系的真值表;

(2)确定输入变量和输出变量与 ROM 地址线和数据线的对应关系;

(3)简要说明将 8421BCD 码的 0101 转换成余 3 码和将余 3 码转换成 8421BCD 码的过程。

解　(1)128×8 位 ROM 的 7 根地址线分别为 $A_6 A_5 A_4 A_3 A_2 A_1 A_0$,8 根数据线为 $D_7 D_6 D_5 D_4 D_3 D_2 D_1 D_0$,列出真值表如表题解 7.1.4 所示。

表题解 7.1.4

地址							内容							
A_6	A_5	A_4	A_3	A_2	A_1	A_0	D_7	D_6	D_5	D_4	D_3	D_2	D_1	D_0
0	0	0	0	0	0	0	0	0	0	0	0	0	1	1
0	0	0	0	0	0	1	0	0	0	0	0	1	0	0
0	0	0	0	0	1	0	0	0	0	0	0	1	0	1
0	0	0	0	0	1	1	0	0	0	0	0	1	1	0
0	0	0	0	1	0	0	0	0	0	0	0	1	1	1
0	0	0	0	1	0	1	0	0	0	0	1	0	0	0
0	0	0	0	1	1	0	0	0	0	0	1	0	0	1
0	0	0	0	1	1	1	0	0	0	0	1	0	1	0
0	0	0	1	0	0	0	0	0	0	0	1	0	1	1
0	0	0	1	0	0	1	0	0	0	0	1	1	0	0
0	0	0	1	0	1	0	×	×	×	×	×	×	×	×
0	0	0	1	0	1	1	×	×	×	×	×	×	×	×
0	0	0	1	1	0	0	×	×	×	×	×	×	×	×
0	0	0	1	1	0	1	×	×	×	×	×	×	×	×
0	0	0	1	1	1	0	×	×	×	×	×	×	×	×
0	0	0	1	1	1	1	×	×	×	×	×	×	×	×
0	0	1	0	0	0	0	×	×	×	×	×	×	×	×
0	0	1	0	0	0	1	×	×	×	×	×	×	×	×
0	0	1	0	0	1	0	×	×	×	×	×	×	×	×
0	0	1	0	0	1	1	0	0	0	0	0	0	0	0
0	0	1	0	1	0	0	0	0	0	0	0	0	0	1
0	0	1	0	1	0	1	0	0	0	0	0	0	1	0
0	0	1	0	1	1	0	0	0	0	0	0	0	1	1
0	0	1	0	1	1	1	0	0	0	0	0	1	0	0
0	0	1	1	0	0	0	0	0	0	0	0	1	0	1
0	0	1	1	0	0	1	0	0	0	0	0	1	1	0
0	0	1	1	0	1	0	0	0	0	0	0	1	1	1
0	0	1	1	0	1	1	0	0	0	0	1	0	0	0
0	0	1	1	1	0	0	0	0	0	0	1	0	0	1
0	0	1	1	1	0	1	×	×	×	×	×	×	×	×
0	0	1	1	1	1	0	×	×	×	×	×	×	×	×
0	0	1	1	1	1	1	×	×	×	×	×	×	×	×

（2）输入变量对应地址线 $A_3A_2A_1A_0$，输出变量对应数据线 $D_3D_2D_1D_0$，A_4 为转换控制位，为 0 时实现 8421BCD 码向余三 BCD 码的转换；为 1 时实现余三 BCD 码向 8421BCD 码的转换。

（3）A_4 为控制端，当 A_4 为 0 时，当输入 4 位 8421BCD 码时，输出即为余三 BCD 码；A_4 为 1 时，当输入余三 BCD 码时，输出为 8421BCD 码。

7.1.5 利用 ROM 构成的任意波形发生器如图题 7.1.5 所示，改变 ROM 的内容，即可改变输出波形。当 ROM 的内容如表题 7.1.5 所示时，画出输出端随 CP 变化的波形。

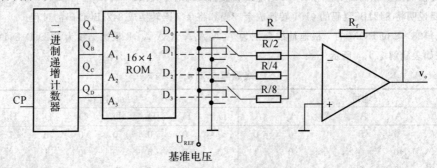

图题 7.1.5

表题 7.1.5

A_3	A_2	A_1	A_0	D_3	D_2	D_1	D_0	A_3	A_2	A_1	A_0	D_3	D_2	D_1	D_0
0	0	0	0	0	1	0	0	1	0	0	0	0	1	0	0
0	0	0	1	0	1	0	1	1	0	0	1	0	0	1	1
0	0	1	0	0	1	1	0	1	0	1	0	0	0	1	0
0	0	1	1	0	1	1	1	1	0	1	1	0	0	0	1
0	1	0	0	1	0	0	0	1	1	0	0	0	0	0	0
0	1	0	1	0	1	1	1	1	1	0	1	0	0	0	1
0	1	1	0	0	1	1	0	1	1	1	0	0	0	1	0
0	1	1	1	0	1	0	1	1	1	1	1	0	0	1	1

解 该电路的功能是：根据输入地址 $A_3A_2A_1A_0$，查表得到输出数字量，然后将该数字量经过权电阻网络 D/A 转换器，转换成模拟电压输出。

D/A 转换器输出模拟量和输入数字量的表达式为

$$v_o = -R_f\left(\frac{V_{REF}}{R}D_0 + \frac{V_{REF}}{R/2}D_1 + \frac{V_{REF}}{R/4}D_2 + \frac{V_{REF}}{R/8}D_3\right) = -\frac{R_f}{R} \cdot V_{REF}(8D_3 + 4D_2 + 2D_1 + D_0)$$

输出模拟量和输入地址的对应关系如下表题解 7.1.5 所示。

表题解 7.1.5

A_3	A_2	A_1	A_0	v_o	A_3	A_2	A_1	A_0	v_o
0	0	0	0	$-4K$	1	0	0	0	$-4K$
0	0	0	1	$-5K$	1	0	0	1	$-3K$
0	0	1	0	$-6K$	1	0	1	0	$-2K$
0	0	1	1	$-7K$	1	0	1	1	$-K$
0	1	0	0	$-8K$	1	1	0	0	0
0	1	0	1	$-7K$	1	1	0	1	$-K$
0	1	1	0	$-6K$	1	1	1	0	$-2K$
0	1	1	1	$-5K$	1	1	1	1	$-3K$

（其中 $K = \dfrac{R_{\mathrm{f}}}{R} V_{\mathrm{REF}}$）

输出 $u_{\circ}$ 和 CP 变化的波形如图题解 7.1.5 所示。

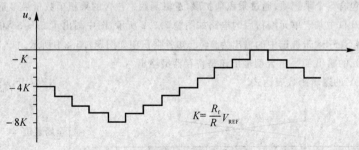

图题解 7.1.5

7.2.4　有一个 $1\mathrm{M} \times 1$ 位的 DRAM，采用地址分时送入的方法，芯片应该具有几条地址线？

解　$1\mathrm{M} \times 1 = 2^{20} \times 1$，故如果采用行列地址分时送入的方法，应该有 10 条地址线。

7.2.5　试用一个具有片选使能 $\overline{\mathrm{CE}}$、输出使能 $\overline{\mathrm{OE}}$、读写控制 $\overline{\mathrm{WE}}$、容量为 $8\mathrm{K} \times 8$ 位的 SRAM 芯片，设计一个 $16\mathrm{K} \times 16$ 位的存储器系统，试画出其逻辑图。

解　解题思路：先将 $8\mathrm{K} \times 8$ 的 SRAM 位扩展为 $8\mathrm{K} \times 16$，再将 $8\mathrm{K} \times 16$ 字扩展为 $16\mathrm{K} \times 16$，如图题解 7.2.5 所示。

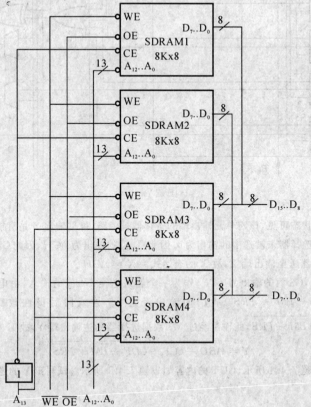

图题解 7.2.5

7.3.1 若某 CPLD 中的逻辑块有 36 个输入（不含全局时钟、全局使能控制等），16 个宏单元。理论上，该逻辑块可以实现多少个逻辑函数？每个逻辑函数最多可有多少个变量？如果每个宏单元包含 5 个乘积项，通过乘积项扩展，逻辑函数中所能包含的乘积项数目最多是多少？

解 每个宏单元可以产生一个逻辑函数，故可以实现 16 个逻辑函数；每个逻辑函数最多可有 36 个输入变量；每个宏单元包含 5 个乘积项，通过乘积项扩展，逻辑函数中包含的乘积项数量最多是 $5 \times 16 = 80$ 个。

7.3.2 设 CPLD 中某宏单元编程后的电路如图题 7.3.2 所示，图中画出了 S1～S8 和 M1，M3 编程后的连接。数据分配器 S1～S8 未被选中的输出为 0。已知各乘积项如图题7.3.2中所示。

(1)此时宏单元的输出 Y 是组合型输出还是寄存器型输出？

(2)写出 X 和 Y 的逻辑函数表达式。

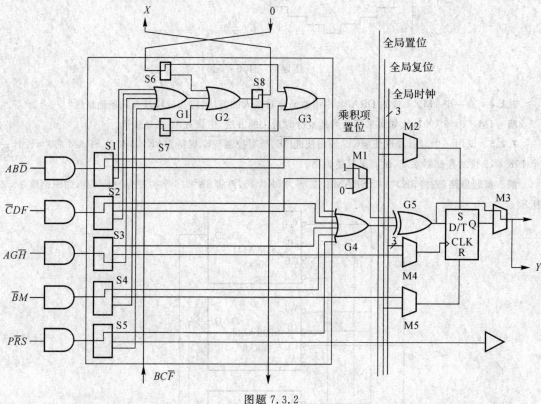

图题 7.3.2

解 (1)从 M3 的状态可见，该宏单元输出端的寄存器被旁路，可见输出 Y 是直接组合形式输出。

(2)因为 S1～S8 选择器未被选中的输出为 0，因此 G1 门的输出为 $AG\overline{H}$，因此 G2 门的输出也为 $AG\overline{H}$，此输出经过 S8 数据选择器送至输出端 X，故 X 的表达式为 $X = AG\overline{H}$。

(3)由电路图可见，G3 门的输出为 $BC\overline{F}$，作为一个输入送至 G4 门的输入，由电路可知 G4 门的输出为 $BCF + AB\overline{D} + \overline{C}DF + \overline{B}M + P\overline{R}S$，G4 门的输出经过 G5 异或门后极性改变，因此 G5 的输出为 $\overline{AB\overline{D} + BC\overline{F} + \overline{C}DF + \overline{B}M + P\overline{R}S}$，此输出经过 M3 数据选择器到达输出端 Y，故 Y 的表达式为

$$Y = \overline{AB\overline{D} + BC\overline{F} + \overline{C}DF + \overline{B}M + P\overline{R}S}$$

7.4.1 电路如图题 7.4.1 所示，LUT 的内容如表题 7.4.1 所示。试写出 Y 的逻辑函数表达式。

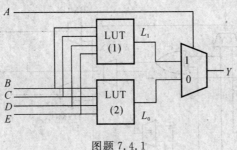

图题 7.4.1

表题 7.4.1

B C D E	$L_1 L_0$	B C D E	$L_1 L_0$
0 0 0 0	0 1	1 0 0 0	0 1
0 0 0 1	0 0	1 0 0 1	1 0
0 0 1 0	1 0	1 0 1 0	0 0
0 0 1 1	0 0	1 0 1 1	0 1
0 1 0 0	1 0	1 1 0 0	0 1
0 1 0 1	0 0	1 1 0 1	1 0
0 1 1 0	0 1	1 1 1 0	1 0
0 1 1 1	0 1	1 1 1 1	0 1

解 根据题目给出的真值表可以写出 L_1,L_0 的逻辑表达式如下：

$$L_1 = \overline{B}\,\overline{C}D\overline{E} + \overline{B}CD\,\overline{E} + B\overline{D}E + BCD\overline{E}, \quad L_0 = \overline{C}\,\overline{D}\,\overline{E} + B\overline{D}\,\overline{E} + \overline{B}CD + B\overline{D}E$$

输出 Y 和 L_1,L_0 之间是二选一的关系,故可得 Y 的表达式:

$$Y = \overline{A}L_0 + AL_1 = \overline{A}(\overline{C}\,\overline{D}\,\overline{E} + B\overline{D}\,\overline{E} + \overline{B}CD + B\overline{D}E) + A(\overline{B}\,\overline{C}D\overline{E} + \overline{B}CD\,\overline{E} + B\overline{D}E + BCD\overline{E})$$

7.4.2 根据图题 7.4.2,试画出其实现 2 位二进制数加法运算的简化逻辑图。

解 设二位二进制数分别为 A_1A_0,B_1B_0,实现加法运算时,加数 A_1A_0 和被加数 B_1B_0 分别送入输入端 G_2、F_2 和 G_1、F_1,即 $G_2 = A_1$,$G_1 = B_1$,$F_2 = A_0$,$F_1 = B_0$,通过编程使两个 LUT 分别实现 $A_0 \oplus B_0$ 和 $A_1 \oplus B_1$,同时编程使 XMUX 和 YMUX 选通异或门得输出为输出,使 XCMUX 和 YCMUX 选通与门的输出,使 YB-MUX 选通 CY 的输出,电路如图题解 7.4.2 所示。

从图中可得:$S_0 = A_0 \oplus B_0 \oplus C_{-1}$;$C_0 = \overline{A_0 \oplus B_0} \cdot (A_0B_0) + (A_0 \oplus B_0) \cdot C_{-1} =$

$$A_0B_0 + (A_0 \oplus B_0) \cdot C_{-1};$$

$$S_1 = A_1 \oplus B_1 \oplus C_0$$

$$C_1 = \overline{A_1 \oplus B_1} \cdot (A_1B_1) + (A_1 \oplus B_1) \cdot C_0 = A_1B_1 + (A_0 \oplus B_0) \cdot C_0$$

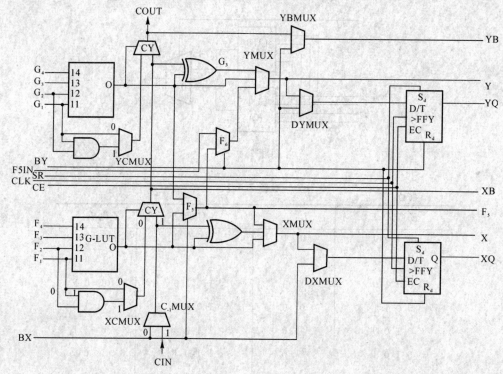

图题 7.4.2　微片原理图

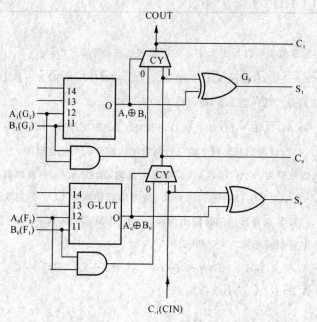

图题解 7.4.2　实现 2 位二进制加法运算电路

第8章 脉冲波形的变换与产生

8.1 教学建议

脉冲波形的变换与产生主要解决波形的产生与变换。可以实现的方法和器件很多,本章主要用555定时器这种器件来完成,所以主要内容为第4节内容。本章内容可归纳为一个核心三个基本点。核心:555定时器内部结构和工作原理;三个基本点:555定时器构成的三种基本电路。

555定时器工作原理的理解是建立在内部结构的理解,而内部结构主要是两个电压比较器。讲解清楚为什么会产生四种电压比较情况是内部结构的关键,剩下内部的结构理解会迎刃而解。

三种电路均由555定时器来设计完成,问题的讲解和解决落点还在定时器工作原理。施密特触发器结构简单,工作原理非常清楚,可以作为第一个电路讲解。多谐振荡器产生矩形波,核心是定时器破坏电容的状态来完成工作。可以将555理解成为一个开关,来控制(或者说是破坏)电容充电和放电两种状态。振荡器参数计算用三要素法,学生也比较容易理解。单稳态触发器的理解可以建立在多谐振荡器的基础上,这样理解起来会比较简单。

8.2 主要概念

一、内容要点精讲

基本要求:熟练掌握555定时器的结构和工作原理,以及用其构成的施密特触发器、多谐振荡器、单稳态触发器。

内容要点:

1.555定时器

555定时器是专门为定时设计的一种中规模集成电路,它可以方便地组成定时、延时、脉冲调制等各种电路。功能表如表8.1所示。

表8.1 555定时器功能表

TH	$\overline{TR}$	OUT	DIS
$> 2V_{cc}/3$	$> V_{cc}/3$	0	导通
$< 2V_{cc}/3$	$> V_{cc}/3$	不变	不变
$\times$	$> V_{cc}/3$	1	截止

2.555构成施密特触发器

电路结构:将555的TH和$\overline{TR}$连接起来,作为输入,OUT作为输出。

工作原理:输入略大于$2V_{cc}/3$时,电路输出变为低电平;当输入高于$2V_{cc}/3$值下降到略小于$V_{cc}/3$时,输

三导

出跃变为高电平。电路输出为上升沿和下降沿都很陡峭的矩形波。

电路性能指标：上限阈值电压，下限阈值电压，回差电压。

3.555 构成单稳态触发器

电路结构：将定时元件 R，C 串接，公共点接 555 的 TH 和 DIS 端，R 的另一端接电源，C 的另一端接地。

工作原理：

稳态：输出 0，电容两端的电压为 0。

暂态：负脉冲到来时，电路输出跃变为高电平，放电管截止，电容充电。当大于 $2V_{cc}/3$ 时，输出跃变为低电平，放电管导通，电容通过放电管放电，电路返回稳态。

4.555 构成多谐振荡器

电路结构：外接电阻和电容。

工作原理：电源向电容充电，达到 $2V_{cc}/3$，由高电平变为 0，这时放电管导通，电容放电。当下降到 $V_{cc}/3$ 时，返回高电平，放电管截止，电容充电。

电路性能指标：

振荡周期 $T = 0.7(R_1 + 2R_2)C$

占空比 $q = T_1/(T_1 + T_2)$

二、重点、难点

教学重点：555 定时器内部结构和工作原理；
555 定时器构成三种基本电路。

教学难点：555 定时器构成多谐振荡器；
555 定时器构成单稳态触发器。

8.3 例题

例 8.1 计算图 8.1 中单稳态触发器的脉宽。

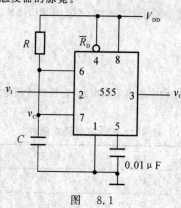

图 8.1

分析 题目计算单稳态触发器的脉宽，主要考查对此电路工作原理、性能的掌握程度。依照公式计算即可。

解 $t_w \approx 1.1RC$

【评注】 只要能辨别出电路的功能，就可得到答案，此题难度不大。

例 8.2 图 8.2 所示为用两片 555 构成的脉冲发生器，试画出 Y_1 和 Y_2 两处的输出波形，并估算 Y_1 和 Y_2

的主要参数。

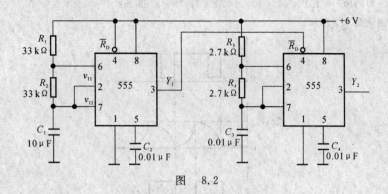

图　8.2

分析　题目要求画出波形和计算主要参数,主要考查多谐振荡器的理解情况。首先要辨别出这两个电路都为多谐振荡器,其次理解左右两个电路的关系。显然,左边电路的输出控制右边电路,当 Y_1 为高电平时,右边电路工作,否则不工作。

解
$$T_1 = 0.7C_1(R_1 + R_2) = 0.462 \text{ s}$$
$$T_2 = 0.7C_1R_2 = 0.231 \text{ s}$$
$$T'_1 \approx C_4(R_3 + R_4) = 37. \ \mu s$$
$$T'_2 = C_4R_4 = 18.9 \ \mu s$$

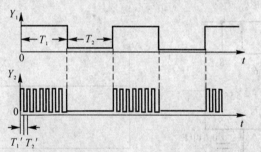

【评注】　题目考查点还是对于多谐振荡器的理解,两个电路连接在一起增加了难度。关键理清两者之间的关系。

例 8.3　图 8.3 是 555 定时器构成的单稳态触发器及输入 V_1 的波形,求:

(1) 输出信号 V_0 的脉冲宽度 t_W;

(2) 对应 V_1 画出 V_C,V_0 的波形,并标明波形幅度。

分析　题目要求画出电路图,这是一个单稳态触发器。

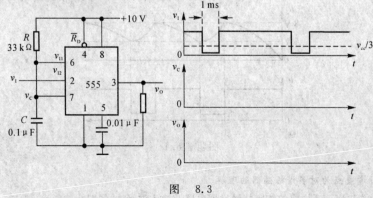

图　8.3

解　(1) $t_\mathrm{W} = 1.1RC = 1.1 \times 33 \times 10^3 \times 0.1 \times 10^{-6} = 3.63$ ms

(2) 波形如图例解 8.3 所示。

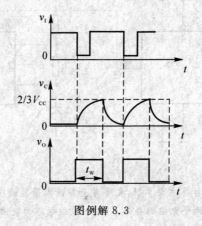

图例解 8.3

【评注】　题目考查点为对单稳态触发器的理解。

例 8.4　由 555 定时器组成的多谐振荡器如图 8.4 所示。已知 $V_{DD} = 12$ V，$C = 0.1\ \mu$F，$R_1 = 15$ kΩ，$R_2 = 22$ kΩ。试求：

(1) 多谐振荡器的振荡周期。

(2) 画出的 v_C 和 v_O 波形。

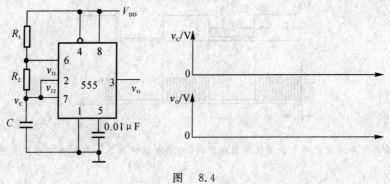

图 8.4

分析　题目要求画出电路图，这是一个多谐振荡器题目。

解　(1) $T = 0.7(R_1 + 2R_2)C = 0.7 \times (15 + 2 \times 22) \times 0.1 = 4.13$ ms

(2) 波形图如图题解 8.4 所示。

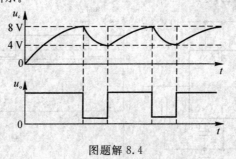

图题解 8.4

【评注】　题目考查点为对多谐振荡器的理解。

例 8.5　用集成芯片 555 构成的施密特触发器电路及输入波形 v_I 如图 8.5 所示，要求：

（1）求出该施密特触发器的阈值电压 V_{T+}，V_{T-}。

（2）画出输出 v_o 的波形。

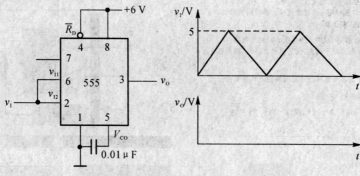

图　8.5

分析　题目考查点为施密特触发器的理解。

解　（1）$V_{T+} = \dfrac{2}{3}V_{DD} = \dfrac{2}{3} \times 6 = 4$ V

$$V_{T-} = \frac{1}{3}V_{DD} = \frac{1}{3} \times 6 = 2 \text{ V}$$

（2）波形图如图题解 8.5 所示。

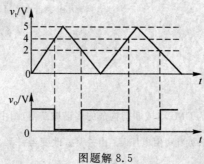

图题解 8.5

【评注】　题目考查点为对施密特触发器的理解。

8.4　参考用 PPT

脉冲电路分类：$\begin{cases}\text{单稳态电路（单稳态触发器）}\\ \text{多谐振荡（无稳态）电路}\\ \text{施密特电路（施密特触发器）}\end{cases}$

脉冲电路作用：脉冲波形的产生和整形。

脉冲电路构成：开关电路 + RC电路

　破坏电路的稳态，　　　控制暂稳态时
　产生暂态。　　　　　　间的长短。

脉冲电路与数字电路的比较：

$\begin{cases}\bigstar\text{脉冲电路侧重波形，数字电路侧重逻辑关系。}\\ \bigstar\text{数字电路的信号波形也是一种脉冲波形。}\end{cases}$

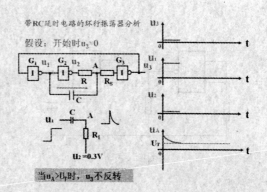

带RC延时电路的环行振荡器分析

假设：开始时$u_3=0$

当$u_A>U_T$时，u_3不反转

电容充放电知识复习：

(1) 电容两端的电压不能突变，$V_c(0_+) = V_c(0_-)$，电容充放电需要时间，有过渡过程，其时间长短只与 $\tau = RC$ 有关，工程上取 3τ；

(2) 开始充放电（换路）瞬间，阻抗很小，相当短路；充放电结束，电路处于稳态，C支路电流为0，阻抗很大，相当开路；

(3) 简单RC电路中，各处电压、电流均按指数规律变化；

(4) 在简单RC电路中

$$v_c(t) = v_c(\infty) + [v_c(0_+) - v_c(\infty)]\,e^{-\frac{t}{\tau}}$$

$$\text{或}\quad t = \tau\,\ln\frac{v_c(\infty) - v_c(0_+)}{v_c(\infty) - v_c(t)}$$

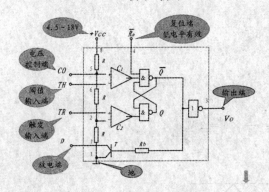

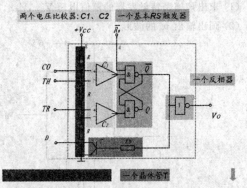

两个电压比较器：$C1$、$C2$　一个基本RS触发器

一个反相器

一个晶体管T

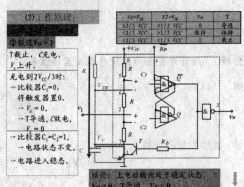

(2) 工作原理：

V_6-V_{TH}	V_2-V_{TR}	V_0	T
$>2/3\ VCC$	$>1/3\ VCC$	0	导通
$<2/3\ VCC$	$>1/3\ VCC$	保持	保持
$<2/3\ VCC$	$<1/3\ VCC$	1	截止

T截止，C充电，V_c上升。
充电到$2V_{cc}/3$时：
→比较器$C_1=0$，
将触发器置0，
→$V_0=0$，
→T导通，C放电，
$V_c=0$。
比较器$C_1=C_2=1$，
→电路状态不变，
→电路进入稳态。

结论：上电后输出处于稳定状态，$V_0=0$，T导通，$V_c=0$。

8.5 习题精选详解

8.3.1 图题8.3.1所示电路为CMOS或非门构成的多谐振荡器，图中 $R_S = 10R$。（1）画出 a,b,c 各点的波形；（2）计算电路的振荡周期；（3）当阈值电压 V_{th} 由 $\frac{1}{2}V_{DD}$ 改变至 $\frac{2}{3}V_{DD}$ 时，电路的振荡频率如何变化？

解 （1）波形图如图题解8.3.1所示。

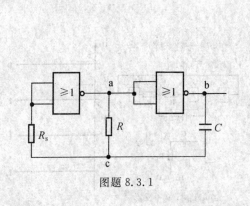

图题8.3.1

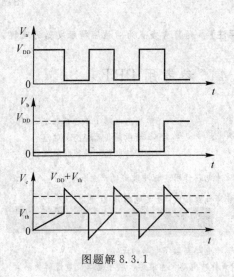

图题解8.3.1

（2）

$$T = RC\ln\frac{V_{DD} + V_{th}}{V_{th}} + RC\ln\frac{2V_{DD} - V_{th}}{V_{DD} - V_{th}}$$

$$T = RC\ln\frac{(V_{DD} + V_{th})(2V_{DD} - V_{th})}{V_{th}(V_{DD} - V_{th})}$$

（3）

$$f_{\frac{1}{2}} = \frac{1}{RC\ln 9}, \quad f_{\frac{2}{3}} = \frac{1}{RC\ln 8}$$

$$\frac{f_{\frac{2}{3}}}{f_{\frac{1}{2}}} = \ln\frac{9}{8}$$

8.4.1 由 555 定时器及场效应管 T 组成的电路如图 8.4.1 所示,电路 T 工作于可变电阻区,其导通电阻为 R_{DS}。

（1）说明电路功能。

（2）写出输出频率的表达式。

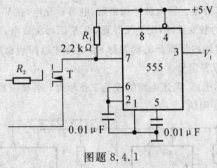

图题 8.4.1

8.4.2 由 555 定时器构成的锯齿波发生器如图 8.4.2 所示,三极管 T 和电阻 R_1，R_2，R_c 构成恒流源,给定时电容 C 充电。画出当触发输入端输入负脉冲后,电容 C 及 555 输出端的波形,并计算电路的输出脉宽(见图题解 8.4.2)。

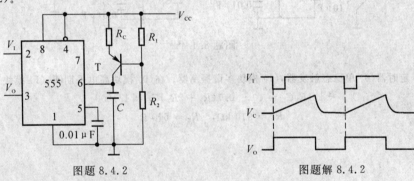

图题 8.4.2   图题解 8.4.2

解 电容两端电压随时间线性增长 $u_c = \frac{1}{c}\int_0^t i_c \, dt = \frac{I_0}{C}t$，$I_0$ 为恒流源。

8.4.3 如图题 8.4.3 所示为心律失常报警电路,经放大后的心电信号 v_1 的幅值 $V_{Im} = 4$ V。

（1）对应 v_1 分别画出 A, B, E 三点波形。

（2）说明电路的组成及工作原理。

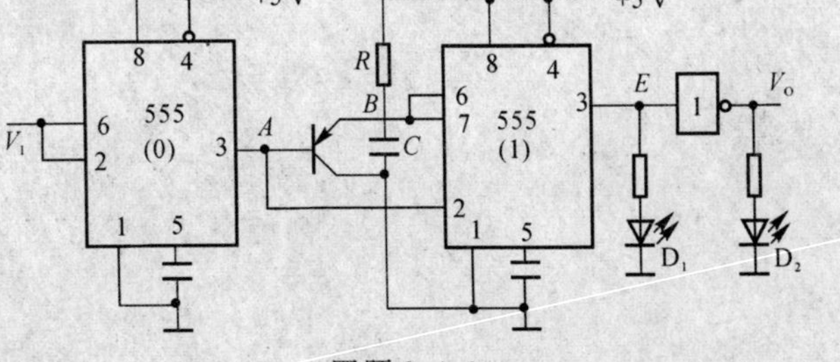

图题 8.4.3

解：(1)A,B,E三点波形见图题解 8.4.3。

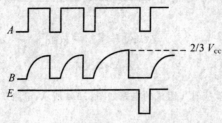

图题解 8.4.3

(2)555 定时器(0)模块施密特触发器,(1)模块可重复触发的单稳态触发器。当 A 输入负脉冲后,电路进入稳态,同时 BJT T 导通,电容 C 放电。输入脉冲撤销后,电容 C 充电,在 V_C 未充到 $2/3V_{cc}$ 之前,电路处于暂稳态。如果在此期间,又加入新的触发脉冲,BJT 又导通,电容 C 再次放电,输出仍然维持在暂稳态。只有在触发脉冲撤销后且在输出脉宽时间内没有新的触发脉冲,电路才返回到稳定状态。这种电路为失落脉冲检测电路,当人体心律不齐时发出报警信号。

8.4.4　分析如图 8.4.4 所示电路,简述电路组成及工作原理。若要求扬声器在开关 S 按下后 1.2 kHz 频率持续响 10 s,试确定图中 R_1,R_2 阻值。

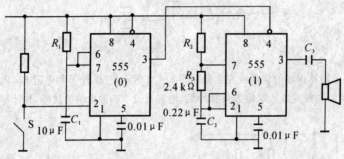

图题 8.4.4

解　555 定时器(0)单稳态触发器,(1)模块多谐振荡器。在(0)模块高电平期间,(1)模块正常工作。

$$1.1R_1C_1 = 10, \quad 0.7(R_2 + 2R_3)C_2 = 1/1200$$

$$R_1 = 910 \text{ k}\Omega, \quad R_2 = 610 \text{ }\Omega$$

第9章 数/模与模/数转换器

9.1 教学建议

（1）本章引入：随着数字技术，特别是计算机技术的飞速发展与普及，在现代控制、通信及检测领域中，对信号的处理广泛采用了数字计算机技术。由于系统的实际处理对象往往都是一些模拟量（如温度、压力、位移、图像等），而经计算机分析、处理后输出的是数字量，为了控制执行机构，因此需要将其转换成相应的模拟信号才能为执行机构所接收。这样，就需要在数字信号与模拟信号之间构建一桥梁——数/模转换电路。

（2）数模转换的基本思路要清晰：数字量是用代码按数位组合起来表示的，对于有权码，每位代码都有一定的权。为了将数字量转换成模拟量，必须将每1位的代码按其权的大小转换成相应的模拟量，然后将这些模拟量相加，即可得到与数字量成正比的总模拟量，从而实现了数字—模拟转换。（基本思路）

（3）由于倒 T 形电阻网络 D/A 转换器的广泛使用，而且已经代替了正 T 形电阻网络 D/A 转换器，但我们还是要讲正 T 形电阻网络 D/A 转换器，因为他是由正 T 不足改进得到倒 T 形电阻网络 D/A 转换器，所以这更便于学员理解倒 T 形电阻网络 D/A 转换器，符合学员认识事物的规律，提高学生解决问题的能力。

（4）由于正 T 形电阻网络 D/A 转换器转换速度慢——提出改进——得到倒 T 形电阻网络 D/A 转换器——为了进一步提高转换速度——得到权电流型 D/A 转换器。

（5）不同的 A/D 转换方式具有各自的特点，在要求转换速度高的场合，选用并行 A/D 转换器；在要求精度高的情况下，可采用双积分 A/D 转换器，当然也可选高分辨率的其他形式 A/D 转换器，但会增加成本。由于逐次比较型 A/D 转换器在一定程度上兼有以上两种转换器的优点，因此得到普遍应用。

（6）这一章内容与其说是新内容，不如说是以前内容的综合应用，所以学生利用以前的知识应该可以自行分析，可以采用讨论的形式完成这部分的学习，这既有助于复习，又可以提高学生的学习能力，提高分析问题、解决问题的能力。引导学生回忆模电、电路知识，加深理解。

9.2 主要概念

一、内容要点精讲

1. 转换的基本概念

能把模拟信号转换成数字信号的电路称为模/数转换器（简称 ADC 或 A/D 转换器）；反之，能把数字量转换成模拟信号的电路称为数/模转换器（简称 DAC 或 D/A 转换器），A/D 转换器和 D/A 转换器已经成为计算机系统中不可缺少的接口电路。

2. D/A 转换器的基本原理

D/A 转换器的框图如图 9.1 所示。图中，输入数字量 N_B 为 n 位二进制代码 $D_{n-1}D_{n-2}\cdots D_1D_0$，$v_o(i_O)$ 为输出的模拟量。输出量与输入量之间的一般关系式为

$$v_o(\text{或} \ i_o) = K \sum_{i=0}^{n-1} D_i 2^i$$

式中比例系数 K 是一个常数。

任何一个二进制数 $D_{n-1}D_{n-2} \cdots D_1 D_0$ 可以按权展开相加转换为十进制数

$$N_B = D_{n-1} \times 2^{n-1} + D_{n-2} \times 2^{n-2} \cdots D_1 \times 2^1 D_0 \times 2^0$$

实现数模转换的过程，就是将输入二进制数中为 1 的代码按其权的大小，转换成模拟量，然后再将这些模拟量进行相加，得到的结果就是与数字量成正比的模拟量，这就是 D/A 转换器的指导思想。

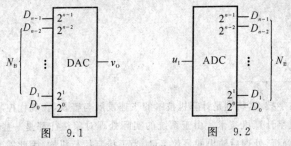

图　9.1　　　　　　　　　图　9.2

3. A/D 转换器的基本原理

A/D 转换器就是用来把模拟电压 u_i 转换成为与它成正比例的二进制数字量 D_n 的电路。A/D 转换器的功能框图如图 9.2 所示，u_i 接到 ADC 的输入端，A/D 转换器的输出为

$$D_n = [u_i/U\Delta]$$

式中 $U\Delta$ 是 ADC 的单位量化电压，它也是 ADC 最小分辨电压，$[u_i/U\Delta]$ 表示将商 $u_i/U\Delta$ 取整。显然，ADC 最大的输入电压 $u_{Imax} = (2^n - 1)U\Delta$。

4. D/A 转换器的主要参数和误差

(1) 转换精度。D/A 转换器的转换精度主要是由分辨率和转换误差来决定。

1) 分辨率。D/A 转换器的分辨率通常用二进制数码的位数 n 来表示。n 位分辨率表示 D/A 转换器的理论上可以达到的转换精度。

2) 转换误差。D/A 转换器的转换误差包括偏移误差、增益误差和非线性误差等。

(2) 建立时间(转换时间)。从输入数字代码全 0 变为全 1 瞬间起，到 D/A 转换器输出的模拟量达到稳定值的规定误差带内止，所需要的时间间隔。

5. A/D 转换器的主要参数和误差

(1) 转换精度。

1) 分辨率。分辨率定义为：A/D 转换器能够分辨输入信号的最小变化量。分辨率用输出二进制数码的位数 n 来表示。n 位二进制的 A/D 转换器可分辨出满量程的 $1/(2^n - 1)$ 的输入变化量。

2) 转换误差。转换误差主要包括量化误差、偏移误差、增益误差等，转换误差一般以最大误差形式给出，例如 $\leqslant \pm \frac{1}{2} LSB$。

(2) 转换时间。A/D 转换器的转换时间定义为：从模拟信号输入器，到达规定的精度之内的数字输出止，转换过程所经过的时间。

并行比较型 A/D 转换器的转换速度最高，逐次逼近型 A/D 转换器的转换速度次之，双积分型 A/D 转换器的转换速度最低。

二、重点、难点

本章重点是学习数／模和模／数转换的基本原理和常见的转换电路。D/A 转换器介绍了 T 形电阻网络、倒 T 形电阻网络和权电流网络三种类型的转换电路，A/D 转换器介绍了并行比较性、逐次逼近型和双积分型三种类型的转换电路。

本章难点是这一章其实以前内容的综合应用,而这些以前内容并不是只是数字电路这门课的内容,还包含电路分析的内容和模拟电路的内容,所以对于学生来说,可以利用以前的知识完成自行分析,但是由于学生对以前知识的遗忘,反而成为这章学习的一个难点,所以要学好这一章内容,必须对以前的内容进行必要的回顾和复习,这一点对教师的要求也是有的,引导学生回忆模电、电路知识,加深理解。

9.3　例题

例 9.1　n 位权电阻 D/A 转换器如图例 9.1 所示。

(1) 试推导输出电压 v_O 与输入数字量的关系式;

(2) 如 $n = 8$,$V_{\mathrm{REF}} = -10$ V,当 $R_\mathrm{f} = \dfrac{1}{8}R$ 时,如输入数码为 20H,试求输出电压值。

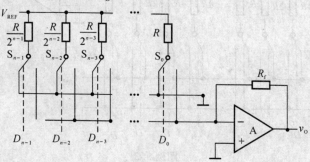

图例 9.1

分析　对于这道题,其实利用叠加原理和模拟电路中反向比例运算电路的知识,就可以直接求解,而数字电路的开关仅仅控制每一路是否接入到集成运算放大器中,1 接入,0 不接入。

解　(1) $v_\mathrm{O} = -\dfrac{R_\mathrm{f}}{\dfrac{R}{2^{n-1}}}V_{\mathrm{REF}} \cdot D_{n-1} - \dfrac{R_\mathrm{f}}{\dfrac{R}{2^{n-2}}}V_{\mathrm{REF}} \cdot D_{n-2} - \dfrac{R_\mathrm{f}}{\dfrac{R}{2^{n-3}}}V_{\mathrm{REF}} \cdot D_{n-3} - \cdots - \dfrac{R_\mathrm{f}}{\dfrac{R}{2^{0}}}V_{\mathrm{REF}} \cdot D_0$

$$v_\mathrm{O} = -\frac{R_\mathrm{f}}{R}V_{\mathrm{REF}}(D_{n-1} \cdot 2^{n-1} + D_{n-2} \cdot 2^{n-2} + D_{n-3} \cdot 2^{n-3} + \cdots + D_0 \cdot 2^0)$$

$$v_\mathrm{O} = -\frac{V_{\mathrm{REF}}R_\mathrm{f}}{R}(D_{n-1} \cdot 2^{n-1} + D_{n-2} \cdot 2^{n-2} + D_{n-3} \cdot 2^{n-3} + \cdots + D_0 \cdot 2^0)$$

$$v_\mathrm{O} = -\frac{V_{\mathrm{REF}}R_\mathrm{f}}{R}N_\mathrm{B}$$

(2) $v_\mathrm{O} = -\dfrac{10}{8} \times 20\mathrm{H} = -\dfrac{5}{4} \times 32 = -40$ V

【评注】　此题主要是考查对 D/A 转换基本原理的理解

例 9.2　图题例 9.2 为一权电阻网络和梯形网络相结合的 D/A 转换电路。

(1) 试证明:当 $r = 8R$ 时,电路为 8 位的二进制码 D/A 转换器;

(2) 试证明:当 $r = 4.8R$ 时,该电路为 2 位的 BCD 码 D/A 转换器。

分析　此题一方面要理解 D/A 转换基本原理,另一方面是对以前的模电知识和电路知识的综合应用,要对以前的知识进行回顾和复习。

证明　(1) 电阻 r 右边的 $8R \sim R$ 四个电阻构成的是一个权电阻 D/A 转换器,所以当 $8R$ 电阻端为 1,即 D_4 为 1 其余各端为 0 时,$v_\mathrm{O} = \dfrac{R_\mathrm{f}}{8R}V_{\mathrm{REF}}$。

所以我们接下来推到在左边电阻 R 端为 1,即 D_3 为 1,其余各端为 0 时的输出 v_O 值。

$$v_o = -V_{REF} \frac{8R \parallel 4R \parallel 2R}{8R \parallel 4R \parallel 2R \parallel R + r} \cdot \frac{R_f}{8R \parallel 4R \parallel 2R \parallel R + r} =$$

$$-V_{REF} \frac{8R \parallel 4R \parallel 2R}{8R \parallel 4R \parallel 2R \parallel R} \cdot \frac{R_f}{8R \parallel 4R \parallel 2R \parallel R + 8R} = -V_{REF} \frac{8}{15} \cdot \frac{R_f}{\frac{8}{15}R + 8R} = -\frac{V_{REF}R_f}{16R}$$

可见，结果是 D_4 为 1 其余各端为 0 时的 v_o 值的 1/2，同理可证，左边 $2R,4R$ 和 $8R$ 各端输入为 1 时，均为二进制的关系，由此可见，电路为 8 位的二进制码 D/A 转换器；

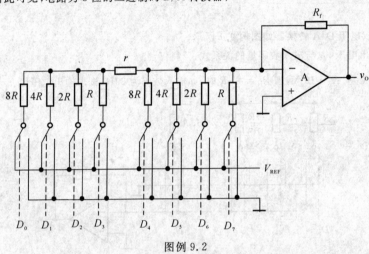

图例 9.2

（2）$r = 4.8R$，因为其实电路中电阻 r 左边和右边 4 位均为二进制的关系，只要证明当输入为 $1001 + 0001 = 1010$ 时的 v_o 值等于右边的 $8R$ 电阻输入为 1（即 0001）时的 v_o 值

左边输入为 1010 时：

$$v_o = -V_{REF} \frac{8R \parallel 4R \parallel 2R}{8R \parallel 4R \parallel 2R \parallel R} \cdot \frac{R_f}{8R \parallel 4R \parallel 2R \parallel R + r} - V_{REF} \frac{8R \parallel 4R \parallel 2R}{8R \parallel 4R \parallel 2R \parallel R} \cdot$$

$$\frac{R_f}{4(8R \parallel 4R \parallel 2R \parallel R + r)} = -V_{REF} \frac{8R \parallel 4R \parallel 2R}{8R \parallel 4R \parallel 2R \parallel R} \cdot \frac{R_f}{8R \parallel 4R \parallel 2R \parallel R + 4.8R} -$$

$$V_{REF} \frac{8R \parallel 4R \parallel 2R}{8R \parallel 4R \parallel 2R \parallel R} \cdot \frac{R_f}{4(8R \parallel 4R \parallel 2R \parallel R + 4.8R)} =$$

$$-V_{REF} \frac{8}{15} \cdot \frac{R_f}{\frac{8}{15}R + 4.8R} - V_{REF} \frac{8}{15} \cdot \frac{R_f}{4\left(\frac{8}{15}R + 4.8R\right)} =$$

$$-V_{REF} \frac{8}{15} \cdot \frac{R_f}{\frac{8}{15}R + 4.8R}\left(1 + \frac{1}{4}\right) = -V_{REF} \frac{R_f}{8R}$$

由此得证。

【评注】 证明题其实思路很清新，就是利用推导向结论靠拢。

例 9.3 分析图例 9.3 电路的工作原理，画出其输出波形。

分析 在这个 D/A 转换器中，计数器 163 主要是给转换电路提供需要转换的数字量，可以看到 163 构成的是一个十进制的计数器，也就是为转换提供了 0000 ～ 1001 的数字量，所以只需把这些数字量依次转换成对应的模拟量就好了，而每一多个数字量保持的时间应该就是每个模拟输出量保持的时间，对于计数器来讲就应该为一个 CP。

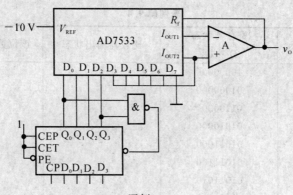

图例 9.3

解 如图例解 9.3 所示。

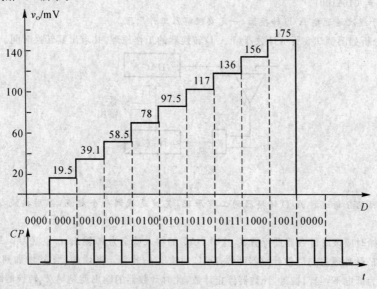

图例解 9.3

【评注】 此题是一个综合应用,利用计数器提供数字量,用 D/A 转换器构成了阶梯波发生器,计数器的进制决定了阶梯波的阶梯个数,CP 的宽度决定了阶梯波每个阶梯的宽度,而 D/A 转换器的参考电压决定了阶梯波每个阶梯的高度,这样我们就可以设计出各种各样的阶梯波了,在这里还可以利用 555 定时器构成振荡电路,产生我们想要的 CP 宽度。

例 9.4 逐次逼近型 A/D 转换器中比较器输出的波形图如图例 9.4 所示,转换结束后,该次 A/D 转换的输出数据是多少?

分析 本题要求搞清楚逐次逼近型 A/D 转换器中比较器输出的波形和输出的关系,我们可以列表来解此题。

解 用列表法来求解,表如表例解 9.4 所示。

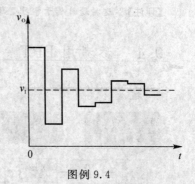

图例 9.4

表例解 9.4

顺序脉冲序数	寄存器状态 $Q_7 \cdots Q_0$	比较器输出状态	该位数码的留与舍
1	10000000	0	舍
2	01000000	1	留
3	01100000	0	舍
4	01010000	1	留
5	01011000	1	留
6	01011100	0	舍
7	01011010	0	舍
8	01011001	1	留

所以 $Q_7 \cdots Q_0 = 01011001$。

【评注】 对于逐次逼近型 A/D 转换器,一定要理解器工作原理。

例 9.5 试分析如图例 9.5 所示计数器型 A/D 转换器的工作原理,并求出其转换时间。

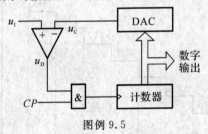

图例 9.5

分析 本题目的分析这种 A/D 转换器的工作原理,关键是找到一个起点,然后按流程进行分析就可以了。

解 转换开始时应该对计数器进行清零,这时 DAC 的输入就全为 0,输出 u_c 也就为 0,那么比较器的输出 u_D 为高电平,CP 脉冲通过与门使计数器计数,DAC 的输出 u_c 也就不断增加,当 u_c 增加到与 u_1 相等时,比较器的输出 u_D 变为低电平,与门被封,计数器停止计数,此时计数器的输出就是 A/D 转换的结果。所以这种 A/D 转换器的最长转换时间应为 $(2^n - 1)T_{CP}$。

【评注】 这种题目属于学习型题目,就是根据所学知识对新电路进行自行分析。

9.4 参考用 PPT

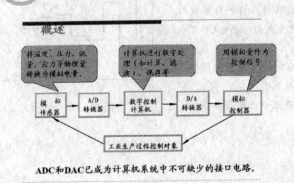

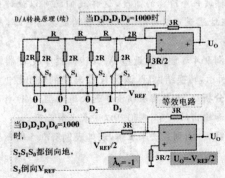

D/A 转换器的倒 T 形电阻网络

流过各开关支路的电流：$I_3 = ?$ $I_2 = ?$ $I_1 = ?$ $I_0 = ?$

基准电源 V_{REF} 提供的总电流为：$I = ?$

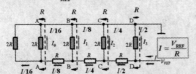

流入每个 2R 电阻的电流从高位到低位按 2 的整数倍递减。

$$I_3 = V_{REF}/2R \quad I_2 = V_{REF}/4R \quad I_1 = V_{REF}/8R \quad I_0 = V_{REF}/16R$$

因此，每个 2R 支路中的电流逐级减半。

模/数转换器（ADC）

A/D 变换器的任务是将模拟量转换成数字量，它是模拟信号和数字仪器的接口。

由于输入的模拟信号在时间上是连续量，所以一般的 A/D 转换过程为：取样、保持、量化和编码。

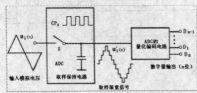

(2) 脉冲波产生电路

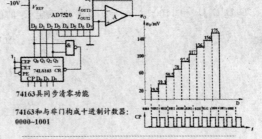

74163 具有同步清零功能

74163 和与非门构成十进制计数器：0000~1001

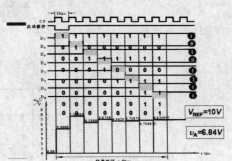

9.5　习题精选详解

9.1.1　10 位倒 T 形电阻网络 D/A 转换器如图题 9.1.1 所示，当 $R = R_f$ 时：

(1) 试求输出电压的取值范围；

(2) 若要求电路输入数字量为 200H 时输出电压 $V_O = 5$ V，试问 V_{REF} 应取何值？

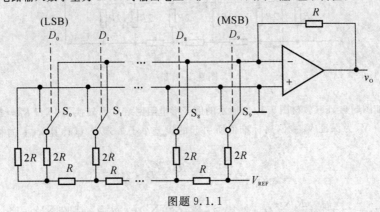

图题 9.1.1

解　$v_O = -\dfrac{V_{REF}}{2^n} N_B$

$(1) v_O = -\dfrac{V_{REF}}{2^{10}} [0 \sim (2^{10} - 1)] = -\left(0 \sim \dfrac{1\,023}{1\,024} V_{REF}\right)$

$(2) 5 = -\dfrac{V_{REF}}{2^{10}} (200\text{H})$

$5 = -\dfrac{V_{REF}}{1\,024} \times 512$

三导

$V_{REF} = -10 \text{ V}$

9.1.2　在如图题9.1.2(教材图9.1.8)所示的4位权电流D/A转换器中,已知 $V_{REF} = 6 \text{ V}$, $R_1 = 48 \text{ k}\Omega$, 当输入 $D_3 D_2 D_2 D_0 = 1100$ 时, $v_o = 1.5 \text{ V}$,试确定 R_f 的值。

解

$$v_O = \frac{V_{REF}}{R_1} \cdot \frac{R_f}{2^n} \sum_{i=0}^{n-1} D_i \cdot 2^i$$

$$v_O = \frac{V_{REF}}{R_1} \cdot \frac{R_f}{2^4} \sum_{i=0}^{3} D_i \cdot 2^i$$

$$1.5 = \frac{6V}{48k} \cdot \frac{R_f}{2^4}(1 \times 2^3 + 1 \times 2^2)$$

$$1.5 = \frac{6V}{48k} \cdot \frac{R_f}{2^4} \cdot 12$$

故 $R_f = 16 \text{ k}\Omega$。

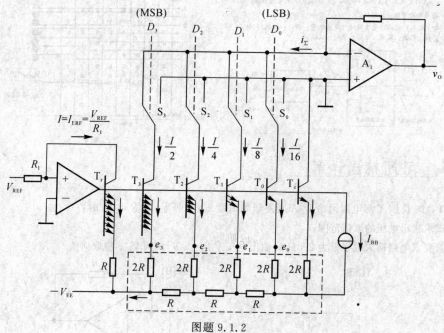

图题9.1.2

9.1.3　在如图题9.1.3(教材图9.1.4)所示的倒T形电阻网络D/A转换器中,设 $R_f = R$,外接参考电压电压 $V_{REF} = -10 \text{ V}$,为保证 V_{REF} 偏离标准值所引起的误差小于LSB/2,试计算 V_{REF} 的相对稳定度应取多少。

解

$$v_O = -\frac{V_{REF}}{R_1} \cdot \frac{R_f}{2^n} \sum_{i=0}^{n-1} D_i \cdot 2^i$$

$$v_O = -\frac{V_{REF}}{R_1} \cdot \frac{R_f}{2^4} \sum_{i=0}^{3} D_i \cdot 2^i = -\frac{V_{REF}}{R} \cdot \frac{R}{2^4} \sum_{i=0}^{3} D_i \cdot 2^i = -\frac{V_{REF}}{2^4} \sum_{i=0}^{3} D_i \cdot 2^i$$

如果 V_{REF} 偏离值 ΔV_{REF}

所以

$$\Delta v_O = -\frac{\Delta V_{REF}}{2^4} \sum_{i=0}^{3} D_i \cdot 2^i$$

由于 $0 \leqslant \sum_{i=0}^{3} D_i \cdot 2^i \leqslant 2^4 - 1$

所以

$$|\Delta v_O| = \left| \frac{\Delta V_{REF}}{2^4} \sum_{i=0}^{3} D_i \cdot 2^i \right| \leqslant \frac{2^4 - 1}{2^4} |\Delta V_{REF}|$$

$$|\Delta v_{\rm O}|_{\max} = \frac{2^4 - 1}{2^4}|\Delta V_{\rm REF}|$$

因为 $\left|\frac{1}{2}{\rm LSB}\right| = 2^5|V_{\rm REF}|$，$\left|\frac{1}{2}{\rm LSB}\right| \geqslant |\Delta V_{\rm o}|_{\max}$

即

$$\frac{2^4 - 1}{2^4}|\Delta V_{\rm REF}| \leqslant \frac{|V_{\rm REF}|}{2^5}$$

$$\left|\frac{\Delta V_{\rm ERF}}{V_{\rm ERF}}\right| \leqslant \frac{\frac{2^4-1}{2^4}}{2^5} \approx 3.1\%$$

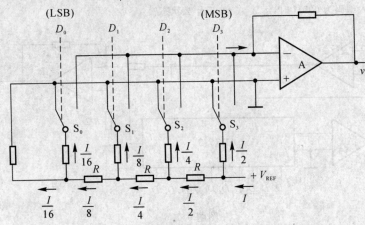

图题 9.1.3

9.1.4 由 AD7533 组成双极性输出 D/A 转换器如图题 9.1.4 所示。

(1) 根据电路写出输出电压 $v_{\rm o}$ 的表达式；

(2) 试问为实现 2 的补码，双极性输出电路应如何连接，电路中 $V_{\rm B}, R_{\rm B}, V_{\rm REF}$ 和片内的 R 应满足什么关系？

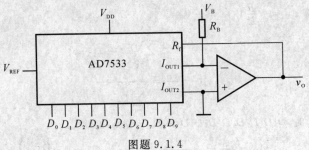

图题 9.1.4

解 (1)

$$I_{\rm out1} = \frac{V_{\rm REF}}{R \cdot 2^{10}} \sum_{i=0}^{9} D_i \cdot 2^i$$

若不考虑 AD7533 时，由运算放大器得：$U_+ = U_-$，$I_{\rm B} = \dfrac{V_{\rm B}}{R_{\rm B}}$

则根据叠加原理 $I = I_{\rm out1} + I_{\rm B}$

所以 $v_{\rm o} = -I \cdot R_{\rm f} = -(I_{\rm out1} + I_{\rm B})R_{\rm f} = -\dfrac{V_{\rm REF} \cdot R_{\rm f}}{R \cdot 2^{10}} \sum_{i=0}^{9} D_i \cdot 2^i - \dfrac{V_{\rm B}}{R_{\rm B}}R_{\rm f}$

(2) 要实现 2 的补码的双极性输出，要将输入的数字量符号位求反后接在最高位 D_9 上，并且 $D_9D_8D_7D_6D_5D_4D_3D_2D_1D_0 = 1000000000$ 时输出 $v_{\rm O} = 0$，可以通过调整 $V_{\rm B}, R_{\rm B}$ 来实现。

故
$$-\frac{V_{REF} \cdot R_f}{R \cdot 2^{10}} 2^9 - \frac{V_B}{R_B} R_f = 0$$

$$\frac{V_B}{R_B} = \frac{V_{REF}}{2R}$$

即
$$R_f = R, \quad R_B = 2R, \quad V_B = -V_{REF}$$

9.1.5 可编程电压放大器电路如图题 9.1.5 所示。

(1)推导电路电压放大倍数的表达式。

(2)当输入编码为 001H 和 3FFH 时,电压放大倍数分别为多少?

(3)试问当输入编码为 000H 时,运放 A_1 处于什么状态?

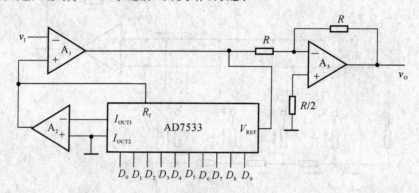

图题 9.1.5

解 (1)A_2 的输出电压: $v_{O2} = -\frac{V_{REF}}{2^{10}} \sum_{i=0}^{9} D_i \cdot 2^i$

对于 A_1 的虚短,$U_+ = U_-$,即

$$v_I = v_{O2} = -\frac{V_{REF}}{2^{10}} \sum_{i=0}^{9} D_i \cdot 2^i$$

A_3 为反向比例运算 $v_O = -\frac{R}{R} V_{REF} = -V_{REF}$

所以
$$v_I = \frac{v_O}{2^{10}} \sum_{i=0}^{9} D_i \cdot 2^i$$

即
$$A_V = \frac{v_O}{v_I} = \frac{2^{10}}{\sum\limits_{i=0}^{9} D_i \cdot 2^i}$$

(2)当 $N_B = 001H$ 时,$D_9 D_8 D_7 D_6 D_5 D_4 D_3 D_2 D_1 D_0 = 0000000001$

$$A_V = \frac{v_O}{v_I} = \frac{2^{10}}{\sum\limits_{i=0}^{9} D_i \cdot 2^i} = \frac{2^{10}}{1} = 2^{10} = 1\ 024$$

当 $N_B = 3FFH$ 时,$D_9 D_8 D_7 D_6 D_5 D_4 D_3 D_2 D_1 D_0 = 1111111111$

$$A_V = \frac{v_O}{v_I} = \frac{2^{10}}{\sum\limits_{i=0}^{9} D_i \cdot 2^i} = \frac{2^{10}}{2^{10} - 1} = \frac{1\ 024}{1\ 023}$$

(3)当 $N_B = 000H$ 时,$D_9 D_8 D_7 D_6 D_5 D_4 D_3 D_2 D_1 D_0 = 0000000000$

$$v_{O2} = -\frac{V_{REF}}{2^{10}} \sum_{i=0}^{9} D_i \cdot 2^i = 0$$

相当于 A_1 的"+"端接地,A_1 处于开环状态。

9.1.6 试用 D/A 转换器 AD7533 和计数器 74161 组成如图题 9.1.6 所示的阶梯波形发生器,要求画出完整的逻辑图。

解 依照题目要求 A/D 转换器输出 10 级阶梯波,并且循环,则 AD7533 的数字输入端应该 000H 逐级增至 009H,再回到 000H 再循环,可以用计数器为 AD7533 提供一个十进制的数字输出量,如图题解 9.1.6 所示。

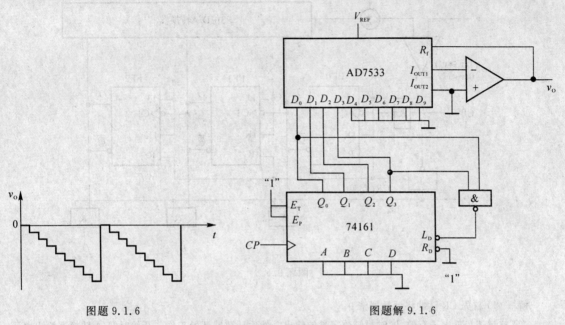

图题 9.1.6 　　　　　　　　　　　图题解 9.1.6

9.2.1 在图题 9.2.1 所示并行比较型 A/D 转换器中,$V_{REF} = 7$ V,试问电路的最小量化单位 Δ 等于多少? 当 $v_I = 2.4$ V 时输出数字量 $D_2D_1D_0 = ?$

解 最小量化单位 $\Delta = 14V/15$。$5/15 < 2.4$ V $< 7/15$,故编码为 011。

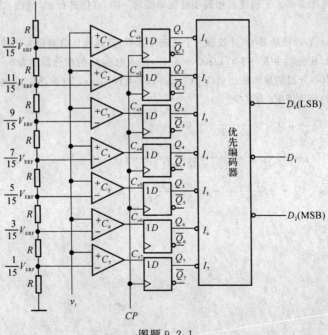

图题 9.2.1

9.2.4 一计数型 A/D 转换器如图题 9.5.9 所示。试分析其工作原理。

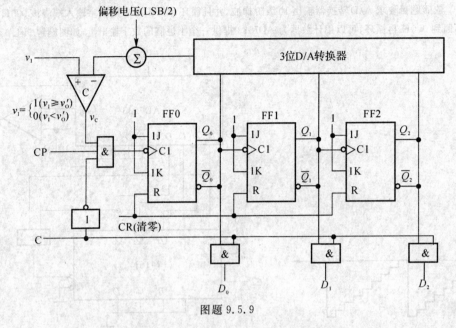

图题 9.5.9

解 (1) 首先 CR 脉冲将计数器清 0。

(2) 控制端 C 低电平有效，同时封锁数字量的输出。然后计数器开始工作。开始时 D/A 转换器输出电压 v'_o 为 ε 较小，故 v_c 为高，计数器加计数。当计数器增加到一定数值后，$v_I < v'_o$，v_c 变为低电平，计数器停止工作。

(3) 控制端 C 置高，封锁计数器，同时将计数器的内容输出，即为 A/D 转换结果。

ε 的作用为输入电压必须大于给定值加最小量化单位的一半，方能进行加计数。这可以保证转换的精度不会超过 ε。

9.2.5 某双积分 A/D 转换器中，计数器为十进制计数器，其最大计数容量为 $(3000)_D$。已知计数时钟脉冲频率 $f_{CP} = 30 \text{ kHz}$，积分器中 $R = 100 \text{ k}\Omega$，$C = 1 \text{ μF}$，输入电压 v_I 的变化范围为 $0 \sim 5 \text{ V}$。试求：(1) 第一次积分时间 T_1；(2) 求积分器的最大输出电压 $|V_{O\,max}|$；(3) 当 $V_{REF} = 10 \text{ V}$，第二次积分计数器计数值 $\lambda = (1500)_D$ 时输入电压的平均值 V_I 为多少？

解 (1) $T_1 = \lambda_1 T_C = 3\,000 \times \dfrac{1}{30 \times 10^3} = 0.1 \text{ s}$

(2) $|V_{O\,max}| = |V_P| = \dfrac{T_1}{\tau} V_{Imax} = \dfrac{0.1}{100 \times 10^3 \times 1 \times 10^{-6}} \times 5 = 5 \text{ V}$

(3) $\lambda = -\dfrac{\lambda_1}{V_{REF}} V_I$，　$V_I = -\dfrac{\lambda V_{REF}}{\lambda_1} = -\dfrac{2\,500 \times 10}{3000} = -8.3 \text{ V}$

数字电子技术试卷 1

一、填空题(本大题共 10 小题,每空格 1 分,共 10 分)

请在每小题的空格中填上正确答案。错填、不填均无分。

1. 8AH + 28D = _____ B。

2. A,B 两个输入变量中只要有一个为 1,输出就为 1,当 A,B 均为 0 时输出才为 0,则该逻辑运算称为_____。

3. 一个 n 变量的逻辑函数有_____个最小项。

4. 附图 1 所示电路的输出为_____状态。

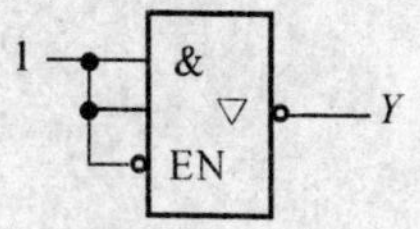

5. 组合逻辑电路中不存在输出到输入的_____通路,因此,输出状态不影响输入状态。

附图 1

6. 若 D 触发器的 D 端连在 Q 端上,经 100 个脉冲作用后,其次态为 0,则其现态应为_____。

7. 若对 40 个字符进行二进制代码编码,则至少需要_____位二进制数码。

8. 设集成十进制(默认为 8421 码)加法计数器的初态为 $Q_3Q_2Q_1Q_0 = 1001$,则经过 5 个 CP 脉冲以后计数器的状态为_____。

9. DAC 的输入数字量位数越多,其分辨率就越高,n 位 DAC 的分辨率 = _____。

10. 存储容量为 1024 × 4 位 RAM,其地址线有_____条。

二、选择题(本大题共 10 小题,每小题 2 分,共 20 分)

在每小题列出的四个备选项中只有一个是符合题目要求的,请将其代码填写在题后的括号内。错选、多选或未选均无分。

11. 下列数中最小的数为_____。   (   )
    A. $(100)_{10}$ B. $(6A)_{16}$ C. $(146)_8$ D. $(1100101)_2$

12. 函数 $F = BC + A\overline{B} + AC + A\overline{D}$ 中的多余项是_____。   (   )
    A. BC B. $A\overline{B}$ C. AC D. AD

13. 下列_____的说法是正确的。   (   )
    A. 任何一个逻辑函数的逻辑式都是唯一的
    B. 任何一个逻辑函数的逻辑图都是唯一的
    C. 任何一个逻辑函数的真值表和卡诺图都是唯一的
    D. 以上说法都不对

14. 电路如附图 2 所示。实现 $Q^{n+1} = \overline{Q^n}$ 的电路是_____。   (   )

15. 附图 3 所示电路实现的逻辑功能是_____。   (   )
    A. $F = \overline{AB} \cdot \overline{CD}$ B. $F = \overline{AB \cdot CD}$ C. $F = \overline{\overline{AB} + \overline{CD}}$ D. $F = AB + CD$

16. 附图 4 所示逻辑电路的表达式为_____。   (   )

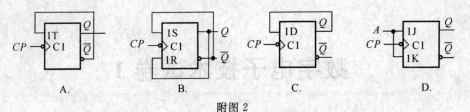

附图2

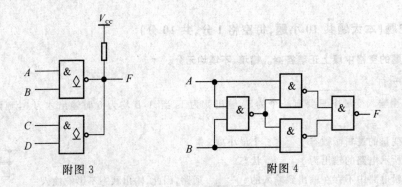

附图3　　　　　　　　　　　　附图4

A. $F = AB + \overline{A}\,\overline{B}$　　　B. $F = A \oplus B$　　　C. $F = AB + \overline{AB}$　　　D. $F = \overline{\overline{AB} + A\overline{B}}$

17. 8线—3线优先编码器74LS148输入信号的优先编码顺序是 $\overline{I_7}, \overline{I_6}, \overline{I_5}, \cdots, \overline{I_0}$，输出 $\overline{Y_2}\,\overline{Y_1}\,\overline{Y_0}$。输入、输出均为低电平有效。当输入 $\overline{I_7}\,\overline{I_6}\,\overline{I_5}\cdots\overline{I_0}$ 为00011110时，输出 $\overline{Y_2}\,\overline{Y_1}\,\overline{Y_0}$ 为_____。　　　（　　）

A. 110　　　　　　B. 010　　　　　　C. 001　　　　　　D. 000

18. 单稳态触发器的暂稳态维持时间 t_w 与_____有关。　　　　　　　　　　（　　）

A. 触发脉冲宽度　　　B. 外接电阻 R, C　　　C. 电源电压　　　D. 都不是

19. 对于输出低电平有效的2—4线译码器来说，要实现 $Y = \overline{A}B + A\overline{B}$ 的逻辑功能，应外加_____。　　　　　　　　　　　　　　　　　　　　　　　　　　　　　　　（　　）

A. 或门　　　　　　B. 与门　　　　　　C. 或非门　　　　　　D. 与非门

20. 在 A/D, D/A 转换器中，衡量转换器的转换精度常用的参数是_____。　　　（　　）

A. 分辨率　　　B. 分辨率和转换误差　　　C. 转换误差　　　D. 参考电压

三、分析题（本大题共6小题，第21题10分，第22～26每小题8分，共50分）

21. 化简题：

(1) 用代数法求函数 $F = A\overline{B}\,\overline{C} + \overline{A}\,\overline{B} + \overline{A}D + C + BD$ 的最简"与—或"表达式。

(2) 用卡诺图化简逻辑函数 $L(A,B,C,D) = \sum m(0,2,3,4,6,12) + \sum d(7,8,10,14)$，求出最简"与—或"表达式。

22. 附图5中，LSTTL门电路的输出低电平 $V_{OL} \leqslant 0.4$ V时，最大负载灌电流 $I_{OL(max)} = 8$ mA，输出高电平时的漏电流 $I_{OZ} \leqslant 50\ \mu A$；CMOS门的输入电流可以忽略不计。如果要求 Z 点高、低电平 $V_H \geqslant 4$ V，$V_L \leqslant 0.4$ V，请计算上拉电阻 R_C 的选择范围。

23. 试分析如附图6所示逻辑电路的功能，写出逻辑表达式和真值表。

24. 由 TTL 触发器构成的电路及输入波形分别如附图7(a)和(b)所示，试分别画出 Q_0 和 Q_1 的波形。

25. 已知附图8中 $Q_0 Q_1 Q_2 Q_3$ 的初态为0101，随着 CP 脉冲的输入，画出状态转换图。74LS194的逻辑符号和功能表分别如附图8和附表1所示。

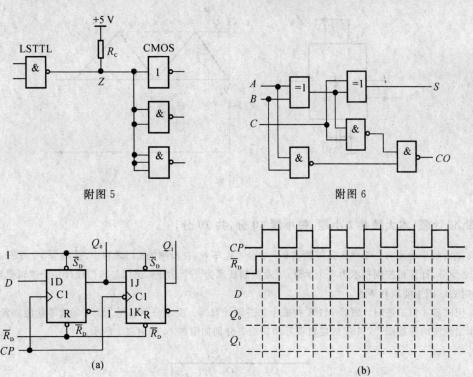

附图 5

附图 6

附图 7

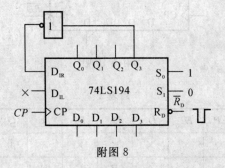

附图 8

附表 1

$\overline{RD}$	S_1	S_0	D_{IR}	D_{IL}	CP	D_0	D_1	D_2	D_3	Q_0	Q_1	Q_2	Q_3
0	×	×	×	×	×	×	×	×	×	0	0	0	0
1	1	1	×	×	↑	d_0	d_1	d_2	d_3	d_0	d_1	d_2	d_3
1	0	0	×	×	×	×	×	×	×	Q_0	Q_1	Q_2	Q_3
1	0	1	A	×	↑	×	×	×	×	A	Q_0	Q_1	Q_2
1	1	0	×	B	↑	×	×	×	×	Q_1	Q_2	Q_3	B

26. 用集成芯片 555 构成的施密特触发器电路及输入波形 v_1 如附图 9 所示,要求:

(1) 求出该施密特触发器的阈值电压 V_{T+},V_{T-}。

(2) 画出输出 v_o 的波形。

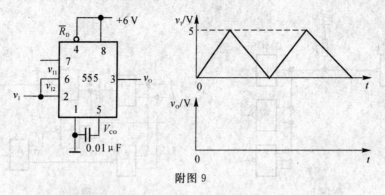

附图 9

四、设计题(本大题共 2 小题,每小题 10 分,共 20 分)

27.某高校毕业班有一个学生还需修满 9 个学分才能毕业,在所剩的 4 门课程中,英语为 5 个学分,数字电路为 4 个学分,计算机控制技术为 3 个学分,工业控制技术为 2 个学分。试用与非门设计一个逻辑电路,其输出为 1 时表示该生能顺利毕业。

28.用同步 4 位二进制计数器 74161 构成十二进制计数器。要求分别利用 74161 的清零功能和置数功能实现,画出相应的连线图。74161 的逻辑符号和功能表分别如附图 10 和附表 2 所示。

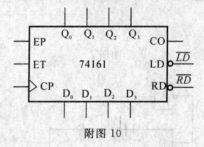

附图 10

附表 2

CP	$\overline{RD}$	$\overline{LD}$	EP	ET	D_3	D_2	D_1	D_0	Q_3	Q_2	Q_1	Q_0
$\times$	0	$\times$	$\times$	$\times$	$\times$	$\times$	$\times$	$\times$	0	0	0	0
$\uparrow$	1	0	$\times$	$\times$	A	B	C	D	A	B	C	D
$\times$	1	1	0	$\times$	$\times$	$\times$	$\times$	$\times$	保持			
$\times$	1	1	$\times$	0	$\times$	$\times$	$\times$	$\times$	保持			
$\uparrow$	1	1	1	1	$\times$	$\times$	$\times$	$\times$	计数			

数字电子技术试卷 1 答案及评分参考

一、填空题(本大题共 10 小题,每空格 1 分,共 10 分)

1. 10100110; 2. 或运算; 3. 2^n; 4. 高阻; 5. 反馈; 6. 0; 7. 6; 8. 0100;

9. $\dfrac{1}{2^n-1}$; 10. 10

二、选择题(本大题共 10 小题,每小题 2 分,共 20 分)

11. A 12. C 13. C 14. B 15. C 16. B 17. D 18. B 19. D; 20. B

三、分析题(本大题共 6 小题,第 21 题 10 分,第 22 ~ 26 每小题 8 分,共 50 分)

21. 解:(1) $F = A\bar{B}\bar{C} + \bar{A}\,\bar{B} + \bar{A}D + C + BD = A\bar{B} + \bar{A}\,\bar{B} + \bar{A}D + C + BD =$

$\bar{B} + \bar{A}D + C + BD = \bar{B} + \bar{A}D + C + D = \bar{B} + C + D$ (5 分)

(2)

$$Y = \bar{D} + \bar{A}C$$ (3 分)

(2 分)

22. 解:(1) 当 Z 点输出高电平时,应满足下式:

$$+5\,\text{V} - R_{\text{C}} I_{OZ} \geqslant 4\,\text{V}$$

$$R_{\text{C}} \leqslant \frac{1}{50 \times 10^{-6}} \leqslant 20\,\text{k}\Omega$$

(2) 当 Z 点输出低电平时,应满足下式:

$$+5V - R_{\text{C}} I_{\text{OL(max)}} \leqslant 0.4\,\text{V}$$

$$R_{\text{C}} \geqslant \frac{5 - 0.4}{8 \times 10^{-3}} \geqslant 0.57\,\text{k}\Omega$$

23. 解:$S = A \oplus B \oplus C$ (2 分)

$CO = \overline{\overline{AB}\,\overline{C(A \oplus B)}} = AB + C(A\bar{B} + \bar{A}B) = AB + A\bar{B}C + \bar{A}BC = AB + AC + BC$ (2 分)

真值表 (3 分)

A	B	C	S	CO	A	B	C	S	CO
0	0	0	0	0	1	0	0	1	0
0	0	1	1	0	1	0	1	0	1
0	1	0	1	0	1	1	0	0	1
0	1	1	0	1	1	1	1	1	1

功能：1 位全加器。 (1分)

24.解：

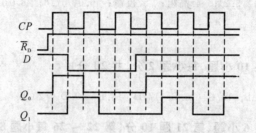

(8分)

25.解：状态转换图为：

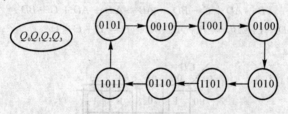

(8分)

26.解：(1)

$$V_{T+} = \frac{2}{3}V_{DD} = \frac{2}{3} \times 6 = 4 \text{ V}$$ (2分)

$$V_{T-} = \frac{1}{3}U_{DD} = \frac{1}{3} \times 6 = 2 \text{ V}$$ (2分)

(2)波形 (4分)

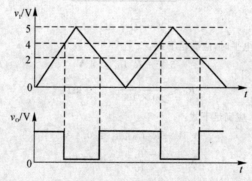

四、设计题(本大题共 2 小题,每小题 10 分,共 20 分)

27.解：(1)逻辑定义：A,B,C,D分别代表英语、数字电子、计算机控制技术和工业控制技术四门课。$F = 1$ 表示能顺利毕业。

(2)真值表 (4分)

A	B	C	D	F	A	B	C	D	F
0	0	0	0	0	1	0	0	0	0
0	0	0	1	0	1	0	0	1	0
0	0	1	0	0	1	0	1	0	0
0	0	1	1	0	1	0	1	1	1
0	1	0	0	0	1	1	0	0	1
0	1	0	1	0	1	1	0	1	1
0	1	1	0	0	1	1	1	0	1
0	1	1	1	1	1	1	1	1	1

(3) 用卡诺图化简　　　　　　　　　　　　　　　　　　　　　　　（3 分）

$$F = AB + ACD + BCD$$

(4) 逻辑图　　　　　　　　　　　　　　　　　　　　　　　　　　（3 分）

$F = AB + ACD + BCD$ 的与非门形式为 $F = \overline{\overline{AB} \cdot \overline{ACD} \cdot \overline{BCD}}$，其逻辑图如附图 11 所示。

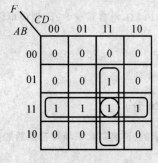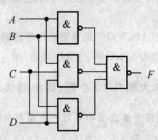

附图 11

28. 解：(1) 用清零功能实现十二进制连线图如附图 12 所示。　　　　　（5 分）

(2) 用置数功能实现十二进制连线图如附图 13 所示　　　　　　　（5 分）。

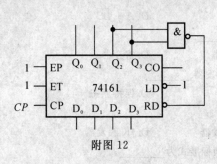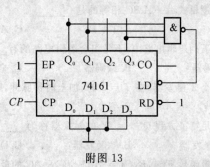

附图 12　　　　　　　　　　　　附图 13

数字电子技术试卷 2

一、填空题(本大题共 10 小题,每空格 1 分,共 10 分)

请在每小题的空格中填上正确答案。错填、不填均无分。

1. 实现进制之间的转换:$(33.25)_{10}$ = (_____)$_2$。

2. 逻辑函数的表达形式主要有函数表达式、_____、卡诺图和逻辑图等。

3. 通常数字电路可以分为组合逻辑电路和_____两大类。

4. 逻辑表达式 $AB + \overline{AC}$ 的与非-与非表达式为:_____。

5. D 触发器的特性方程 Q^{n+1} = _____。

6. 组成计数器的各个触发器的状态,能在时钟信号到达时同时翻转,它属于_____计数器。

7. 若要构成七进制计数器,最少用_____个触发器。

8. 由 555 定时器构成的单稳态触发器,若已知电阻 $R = 10 \text{ k}\Omega$,电容 $C = 1 \text{ μF}$,则该单稳态触发器的脉冲宽度 $t_w \approx$ _____。

9. 模／数转换器(ADC)两个最重要的指标是转换速度和_____。

10. 半导体存储器分为 ROM(只读存储器)和_____两类。

二、选择题(本大题共 10 小题,每小题 2 分,共 20 分)

在每小题列出的四个备选项中只有一个是符合题目要求的,请将其代码填写在题后的括号内。错选、多选或未选均无分。

11. 97 的 8421BCD 码的是_____。 ( )
A. 11000111　　　　B. 11110111　　　　C. 10010111　　　　D. 01000001

12. 和逻辑式 $A + A\overline{BC}$ 相等的是_____。 ( )
A. ABC　　　　B. $1 + BC$　　　　C. A　　　　D. $A + \overline{BC}$

13. 在下列逻辑电路中,不是组合逻辑电路的有_____。 ( )
A. 译码器　　　　B. 编码器　　　　C. 全加器　　　　D. 寄存器

14. 一个 T 触发器,在 $T = 1$ 时,加上时钟脉冲,则触发器_____。 ( )
A. 翻转　　　　B. 置 0　　　　C. 置 1　　　　D. 保持原态

15. 满足特征方程 $Q^{n+1} = \overline{Q^n}$ 的触发器称为_____。 ( )
A. T 触发器　　　　B. T 触发器　　　　C. D 触发器　　　　D. JK 触发器

16. 逻辑函数 $F(A,B,C) = AB + BC + A\overline{C}$ 的最小项标准式为_____。 ( )
A. $F(A,B,C) = \sum m(0,2,4)$　　　　B. $F(A,B,C) = \sum m(3,4,6,7)$
C. $F(A,B,C) = \sum m(0,2,3,4)$　　　　D. $F(A,B,C) = \sum m(1,5,6,7)$

17. 74LS138 是 3 线—8 线译码器,译码输出为低电平有效,若输入 $A_2A_1A_0 = 100$ 时,输出 $\overline{Y_7Y_6Y_5Y_4Y_3Y_2}$ $\overline{Y_1Y_0}$ = _____。 ( )
A. 00010000　　　　B. 11101111　　　　C. 11110111　　　　D. 00001000

18、施密特触发器常用于对脉冲波形的_____。 （   ）

A. 延时和定时   B. 计数   C. 整形与变换   D. 存储

19、欲对全班43个学生以二进制代码编码表示,最少需要二进制码的位数是_____。 （   ）

A. 43   B. 6   C. 7   D. 8

20、十进制计数器最高位输出的频率是输入CP脉冲频率的_____。 （   ）

A. 1/4   B. 1/5   C. 1/8   D. 1/10

三、分析题(本大题共5小题,21～24每小题每题8分,第25小题14分,共46分)

21. 化简题：

(1) 用公式法化简下式为最简与或式。

$$F = A + \overline{A}BCD + A\overline{B}\,\overline{C} + BC + \overline{B}C$$

(2) 用卡诺图化简下式为最简与或式。

$$Y(A,B,C,D) = \sum m(0,1,2,3,8,9,10,11,12,14)$$

22. 如图1所示逻辑电路能否实现所规定的逻辑功能？如能的在括号内写"Y",不能的写"N"。

$$\begin{cases} B=0时, & L_1=C \\ B=1时, & L_1=A+C \end{cases} \quad (\quad) \qquad\qquad L_2=AB+CD \quad (\quad)$$

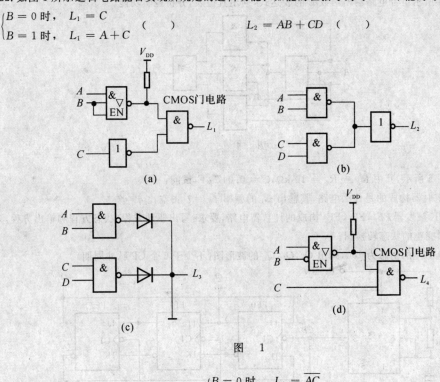

(a)   (b)

(c)   (d)

图 1

$$L_3 = \overline{ABCD} \quad (\quad) \qquad\qquad \begin{cases} B=0时, & L_4=\overline{AC} \\ B=1时, & L_4=\overline{C} \end{cases} \quad (\quad)$$

23. 时序波形相关：

(1) 画出图2所示触发器输出 Q 的波形。

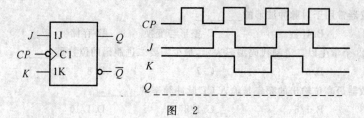

图　2

(2) 图 3 所示电路触发器的初态均为 0,画出 B,C 的波形。

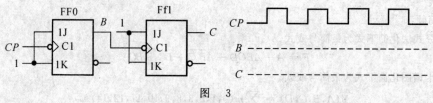

图　3

24. 写出图 4 所示组合电路输出函数 L 的表达式,列出真值表,分析逻辑功能。

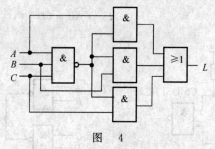

图　4

25. 电路如图 5 所示,其中 $R_A = R_B = 10$ kΩ,$C = 0.047$ μF,试问:

(1) 由 555 定时器构成的是什么电路,其输出 v_o 的频率 $f_0 =$? 占空比 $q =$?

(2) 分析由 JK 触发器 FF_0,FF_1,FF_2 构成的计数器电路,要求:写出驱动方程、状态方程和输出方程,列出状态转换表,画出完整的状态转换图;

(3) 设 Q_0,Q_1,Q_2 的初态为 100,画出 Q_0,Q_1,Q_2 的波形图(不少于 6 个 CP 脉冲周期)。

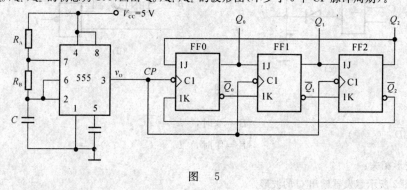

图　5

四、设计题(本大题共 2 小题,每小题 12 分,共 24 分)

26. 用与非门设计一组合电路,其输入为 3 位二进制数,当输入能被 2 或 3 整除时,输出 $F = 1$,其余情况 $F = 0$。(设 0 能被任何数整除)

27.用两片如图6所示的74161二进制计数器构成三十七进制计数器,画出电路图。74LS161 为同步十六进制计数器,图中 $\overline{RD}$ 为异步置 0 端, $\overline{LD}$ 为同步置数端,其功能表如表 1 所示。

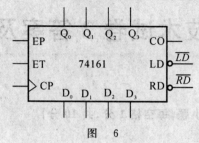

图 6

表 1 74161 功能表

CP	$\overline{RD}$	$\overline{LD}$	EP	ET	D_0	D_1	D_2	D_3	Q_0	Q_1	Q_2	Q_3
×	0	×	×	×	×	×	×	×	0	0	0	0
↑	1	0	×	×	d_0	d_1	d_2	d_3	d_0	d_1	d_2	d_3
×	1	1	0	×	×	×	×	×	保持			
×	1	1	×	0	×	×	×	×				
↑	1	1	1	1	×	×	×	×	计数			

数字电子技术试卷 2 答案及评分参考

一、填空题(本大题共 10 小题,每空格 1 分,共 10 分)

1. 100001.01
2. 真值表
3. 时序逻辑电路
4. $\overline{\overline{AB} \cdot \overline{AC}}$
5. D
6. 同步
7. 3
8. 11ms
9. 转换精度
10. RAM(随机存取存储器)

二、选择题(本大题共 10 小题,每小题 2 分,共 20 分)

11. C　12. C　13. D　14. A　15. A　16. B　17. B　18. C　19. B　20. D

三、分析题(本大题共 6 小题,每小题 8 分,共 48 分)

21. 解:(1)
$$F = A + \overline{A}BCD + A\overline{B}\,\overline{C} + BC + \overline{B}\,\overline{C} = A + BCD + A\overline{B}\,\overline{C} + C = A + C$$
(4 分)

(2)

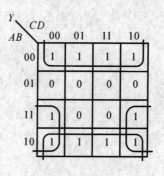

(2 分)

$$Y = \overline{B} + A\overline{D}$$
(2 分)

22. 解:(a)Y,(b)N,(c)N,(d)N　　　(每小题 2 分)

23. 解:(1)　　　(4 分)

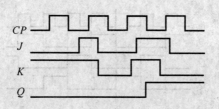

(2)解： (4分)

24.解：(1)表达式

$$L = \overline{ABC}A + \overline{ABC}B + \overline{ABC}C = \overline{ABC}(A + B + C) = \overline{ABC}(\overline{\overline{A}\,\overline{B}\,\overline{C}})$$ (3分)

(2)真值表 (4分)

A	B	C	L
0	0	0	0
0	0	1	1
0	1	0	1
0	1	1	1
1	0	0	1
1	0	1	1
1	1	0	1
1	1	1	0

(3)功能：三变量求异电路。 (1分)

25.解：(1)多谐振荡器

$$T = 0.7(R_A + 2R_B)C = 0.7 \times 30 \times 10^3 \times 0.047 \times 10^{-6} = 0.987 \times 10^{-3} \text{ s}$$

$$f_0 = 1.01 \text{ kHz}$$ (2分)

(2)写出驱动方程、状态方程、画出状态转换图

驱动方程： $$\begin{cases} J_0 = Q_2^n \\ K_0 = \overline{Q_2^n} \end{cases} \begin{cases} J_1 = Q_0^n \\ K_1 = \overline{Q_0^n} \end{cases} \begin{cases} J_2 = Q_1^n \\ K_2 = \overline{Q_1^n} \end{cases}$$ (2分)

$$Q_0^{n+1} = J_0 \overline{Q_0^n} + \overline{K_0}Q_0^n = Q_2^n \overline{Q_0^n} + \overline{\overline{Q_2^n}}Q_0^n = Q_2^n$$

状态方程： $$Q_1^{n+1} = J_1 \overline{Q_1^n} + \overline{K_1}Q_1^n = Q_0^n$$ (2分)

$$Q_2^{n+1} = J_2 \overline{Q_2^n} + \overline{K_2}Q_2^n = Q_1^n$$

状态转换图： (4分)

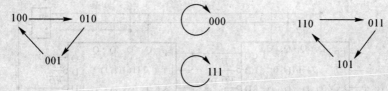

(3)由 Q_1, Q_2, Q_3 的初态为 100,可知进入第一种循环。则 CP, Q_1, Q_2, Q_3 的具体波形图：

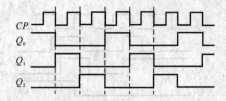

(4分)

四、设计题(本大题共 2 小题,每小题 11 分,共 22 分)

26. 解:(1) 根据题意列出真值表为: (4分)

A	B	C	F
0	0	0	1
0	0	1	0
0	1	0	1
0	1	1	1
1	0	0	1
1	0	1	0
1	1	0	1
1	1	1	0

(2) 用卡诺图化简 (4分)

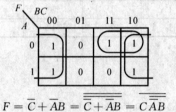

$$F = \overline{C} + \overline{AB} = \overline{\overline{\overline{C} + \overline{AB}}} = \overline{\overline{C} \cdot \overline{\overline{AB}}}$$

(3) 画出电路图 (4分)

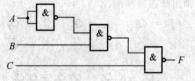

27. 解: (12分)

(1) 采用异步置 0 法实现三十七进制计数,则 $S_N = 37 = (100101)_2$

归零逻辑为: $\overline{RD} = Q_0 Q_2 Q_5$ (4分)

(2) 具体连线 (8分)

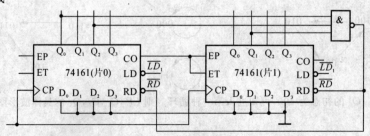

数字电子技术试卷 3

一、填空题(本大题共 10 小题,每空格 1 分,共 10 分)

请在每小题的空格中填上正确答案。错填、不填均无分。

1. $(32.6)_{10} = ($ _____ $)_{8421BCD}$。

2. 由 4 个逻辑变量组成的最小项记为 m_i,最大项记为 M_j,则 $\overline{m_{12}} = M$ _____。

3. 三态门的输出状态有高电平、低电平和 _____。

4. 常用的三种模/数转换方式分别是:并行比较型、逐次逼近型、_____。

5. 若最简状态表中的状态数为 10,则所需的状态变量数至少应为 _____。

6. $F = \overline{AC} + \overline{B}$ 的反函数 $\overline{F} =$ _____。

7. $A \oplus 0 \oplus 1 \oplus \overline{A} \oplus 1 \oplus 0 \oplus 1 \oplus \overline{A} \oplus 0 \oplus 1 =$ _____。

8. JK 触发器的特性方程是:_____。

9. 由于从输入到输出的过程中不同通路上门的级数不同,或者门电路平均延迟时间的差异,可能使逻辑电路产生错误输出,这种现象称为 _____。

10. 如图 1 所示电路,则 $Q^{n+1} =$ _____。

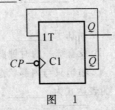

图 1

二、选择题(本大题共 10 小题,每小题 2 分,共 20 分)

在每小题列出的四个备选项中只有一个是符合题目要求的,请将其代码填写在题后的括号内。错选、多选或未选均无分。

11. 要构成容量为 $4K \times 8$ 位的 RAM,需要 _____ 片容量为 256×4 位的 RAM。 （　　）

A. 2　　　　　　　　B. 4　　　　　　　　C. 8　　　　　　　　D. 32

12. 下列函数中等于 A 的是 _____。 （　　）

A. $A + 1$　　　　B. $\overline{A} + A$　　　　C. $\overline{A} + AB$　　　　D. $A(A + B)$

13. 十六进制数 $(101)_H$ 所对应的二进制数和十进制数分别为 _____。 （　　）

A. 100000001B,255D　　　　　　　　B. 100000001B,257D

C. 10000001B,255D　　　　　　　　D. 10000001B,257D

14. 图 2 所示门电路的逻辑表达式是 _____。 （　　）

A. $F = \overline{A + B}$　　　B. $F = AB$　　　C. $F = A \oplus B$　　　D. $F = A + B$

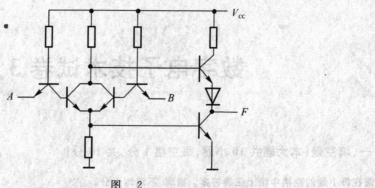

图　2

15.基本 SR 锁存器如图 3 所示,欲使该锁存器 $Q^{n+1} = Q^n$,则输入信号应为_____。　　　（　　）

A. $\overline{S} = \overline{R} = 0$　　　B. $\overline{S} = \overline{R} = 1$　　　C. $\overline{S} = 1, \overline{R} = 0$　　　D. $\overline{S} = 0, \overline{R} = 1$

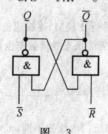

图　3

16.一个 16 选 1 的数据选择器,其地址输入端有_____。　　　　　　　　　　（　　）

A. 1 个　　　　　B. 2 个　　　　　C. 4 个　　　　　D. 16 个

17.异步时序电路和同步时序电路比较,其差异在于_____。　　　　　　　　（　　）

A. 没有触发器　　　　　　　　　　B. 没有统一的时钟脉冲控制

C. 没有稳定状态　　　　　　　　　　D. 输出只与内部状态有关

18.逻辑电路如图 4 所示,其逻辑函数 Y 的表达式为_____。　　　　　　　（　　）

A. $\overline{A}B + A\overline{B}$　　　　　B. $\overline{\overline{A}\,\overline{B} + AB}$　　　　　C. $\overline{\overline{A}B + A\overline{B}}$　　　　　D. $AB + \overline{A}$

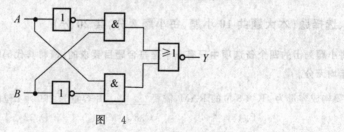

图　4

19.由两片 1024×4 位的芯片连成的存储系统如图 5 所示,该系统的存储容量是_____。（　　）

A. 1024×4 位　　　B. 2048×8 位　　　C. 1K×位 8　　　D. 4096×4 位

20.逻辑电路如图 6 所示,若 $C = 0$,则 F 为_____。　　　　　　　　　　（　　）

A. 工作状态　　　　B. 高阻状态　　　　C. 断开状态　　　　D. 以上各项都不是

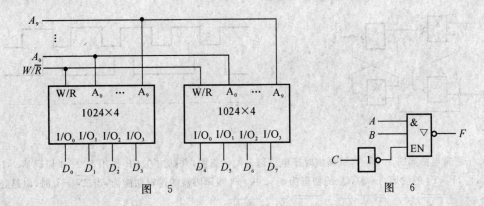

图 5 图 6

三、分析题(本大题共 6 小题,每小题 8 分,共 48 分)

21. 化简题:

(1) 用代数法化简函数 $F = \overline{\overline{A\overline{B}} + ABC} + A(B + A\overline{B})$。

(2) 用卡诺图化简逻辑函数求出最简"与一或"表达式。

$$F(A,B,C,D) = \sum m(0,1,2,4,6,8,9) + \sum d(11,12,14),$$

22. 已知电路如图 7 所示,写出 F_1,F_2,F_3 和 F 与输入之间的逻辑表达式。

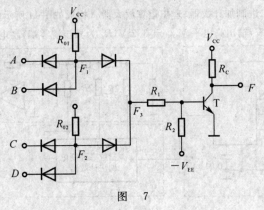

图 7

23. 证明图 8(a)(b) 两电路具有相同的逻辑功能。

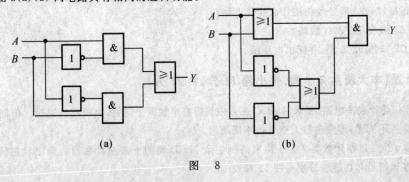

(a)　　　　　　(b)

图 8

24. 根据如图 9 所示电路画出输出波形 L。设 L 的初始状态为 0。

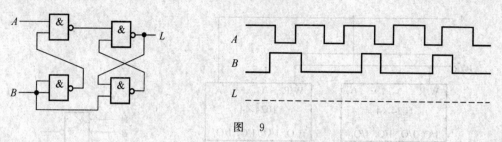

图　9

25.一逻辑电路如图10所示,试画出时序电路部分的状态图,并画出在 CP 作用下2—4译码器74LS139输出 $\overline{Y}_0,\overline{Y}_1,\overline{Y}_2,\overline{Y}_3$ 的波形,设 Q_1,Q_0 的初态为0。2线—4线译码器的逻辑功能为:当 $\overline{EN}=0$ 时,电路处于工作状态, $\overline{Y}_0=\overline{\overline{A}_1\overline{A}_0},\overline{Y}_1=\overline{\overline{A}_1A_0},\overline{Y}_2=\overline{A_1\overline{A}_0},\overline{Y}_3=\overline{A_1A_0}$ 。

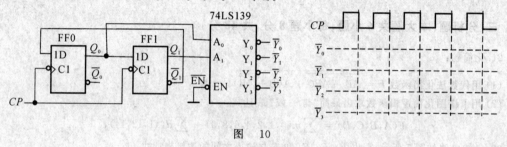

图　10

26.由555定时器、3位二进制加计数器、理想运算放大器A构成如图11所示电路。设计数器初始状态为000,且输出低电平 $V_{OL}=0$ V,输出高电平 $V_{OH}=3.2$ V, R_d 为异步清零端,高电平有效。

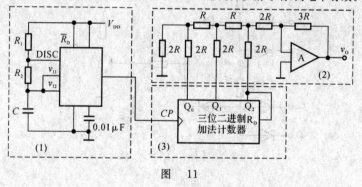

图　　11

(1) 说明虚框(1)(2)部分各构成什么功能电路?

(2) 虚框(3)构成几进制计数器?

(3) 对应 CP 画出 v_O 波形,并标出电压值。

四、设计题(本大题共 2 小题,每小题 11 分,共 22 分)

27.用与非门设计表决电路,要求 A,B,C 三人中只要有半数以上同意,决议就能通过。但同时 A 还具有否决权,即只要 A 不同意,即使多数人意见也不能通过。

28.用同步 4 位二进制计数器 74161 构成码制为余 3BCD 码的十进制计数器。画出状态转换图和连线图。74161 的逻辑符号和功能表分别见图 12 和表 1。

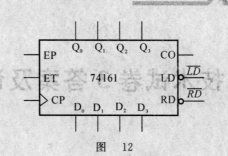

图 12

表 1

CP	$\overline{RD}$	$\overline{LD}$	EP	ET	D_3	D_2	D_1	D_0	Q_3	Q_2	Q_1	Q_0
×	0	×	×	×	×	×	×	×	0	0	0	0
↑	1	0	×	×	A	B	C	D	A	B	C	D
×	1	1	0	×	×	×	×	×	保持			
×	1	1	×	0	×	×	×	×	保持			
↑	1	1	1	1	×	×	×	×	计数			

数字电子技术试卷 3 答案及评分参考

一、填空题(本大题共 10 小题,每空格 1 分,共 10 分)

1. $(00110010.0110)_{8421BCD}$
2. 3
3. 高阻态
4. 双积分式
5. 4
6. $\overline{F} = \overline{\overline{A} + C} \cdot B$ 或 $\overline{F} = A\overline{C}B$
7. A
8. $Q^{n+1} = J\overline{Q^n} + \overline{K}Q^n$
9. 竞争冒险
10. 1

二、选择题(本大题共 10 小题,每小题 2 分,共 20 分)

11. D　12. D　13. B　14. A　15. B　16. C　17. B　18. C　19. C　20. A

三、分析题(本大题共 6 小题,每小题 8 分,共 48 分)

21. 解:(1) $F_1 = \overline{(\overline{A} + B)(\overline{A} + \overline{B} + \overline{C}) + AB + A\overline{B}} =$

$\overline{\overline{A} + \overline{A}\overline{B} + \overline{A}\overline{C} + \overline{A}B + B\overline{C} + A(B + \overline{B})} = \overline{\overline{A} + B\overline{C} + A} = 0$ 　　　　(4 分)

(2)

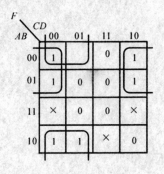

F CD	00	01	11	10
AB
00	1		0	1
01	1	0		1
11	×	0	0	×
10	1	1	×	0

　　　　(2 分)

$$F = \overline{B}\,\overline{C} + \overline{A}\,\overline{D}$$　　　　(2 分)

22. 解:$F_1 = AB, F_2 = CD, F_3 = AB + CD, F = \overline{AB + CD}$　　　　(每式子各 2 分)

23. 解:

图(a) 逻辑函数 Y 的表达式　　　　$Y = A\overline{B} + \overline{A}B$　　　　(3 分)

图(b) 逻辑函数 Y 的表达式

$$Y = (A + B)(\overline{A} + \overline{B}) = A\overline{A} + A\overline{B} + \overline{A}B + B\overline{B} = A\overline{B} + \overline{A}B$$　　　　(3 分)

可见,两电路具有相同的异或逻辑功能。 (2分)

24.解:

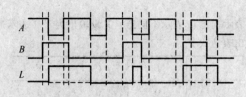

(8分)

25.解:(1) 状态转换图 (4分)

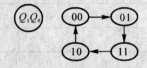

(2) 波形图 (4分)

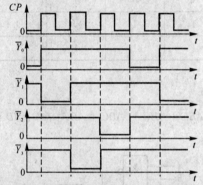

26.解:(1) 虚框(1)电路为多谐振荡器,虚框(2)电路为 D/A 转换器。 (2分)

(2) 虚框(3)为四进制计数器。 (2分)

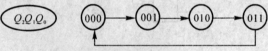

(3) 利用叠加定理可得 D/A 转换器的输出表达式为

$$v_O = -V_{OH}\left(\frac{1}{8}Q_0 + \frac{1}{4}Q_1 + \frac{1}{2}Q_2\right)$$

当 $Q_2Q_1Q_0 = 000$ 时,$v_O = 0$ V;

当 $Q_2Q_1Q_0 = 001$ 时,$v_O = -0.4$ V;

当 $Q_2Q_1Q_0 = 010$ 时,$v_O = -0.8$ V;

当 $Q_2Q_1Q_0 = 011$ 时,$v_O = -1.2$ V;

因此,对应 CP 的 v_O 波形为:

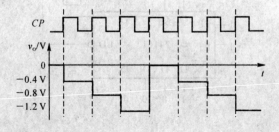

(4分)

四、设计题（本大题共 2 小题，每小题 11 分，共 22 分）

27.解：(1) 逻辑定义：设 1 表示同意，0 表示不同意。又设输出为 Y，1 表示通过，0 表示不通过。　　(1 分)

(2) 列真值表如下，由此写出表达式 Y。　　(4 分)

A	B	C	Y
0	0	0	0
0	0	1	0
0	1	0	0
0	1	1	0
1	0	0	0
1	0	1	1
1	1	0	1
1	1	1	1

(3) 用代数化简　　(4 分)

$$Y = A\bar{B}C + AB\bar{C} + ABC = A\bar{B}C + AB = AC + AB = \overline{\overline{AC} \cdot \overline{AB}}$$

(4) 逻辑图　　(2 分)

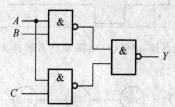

28.(1) 状态转换图　　(5 分)

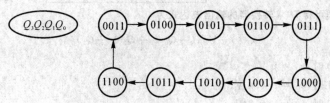

(2) 连线图　　(6 分)

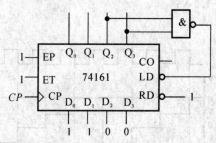

参 考 文 献

[1] 康华光.电子技术基础(数字部分).5 版.北京:高等教育出版社,2006.

[2] 阎石.数字电子技术基础.5 版.北京:高等教育出版社,2006.

[3] 张克农.数字电子技术基础.2 版.北京:高等教育出版社,2009.

[4] 刘宝琴,等.逻辑设计与数字系统.北京:清华大学出版社,2005.

[5] MorrisMano M.数字设计.3 版.徐志军,尹延辉,等,译.北京:电子工业出版社,2007.

[6] 科林,孙人杰.TTL、高速 CMOS 手册.北京:电子工业出版社,2004.

[7] 阎石.帮你学数字电子技术基础——释疑、解题、考试.北京:高等教育出版社,2004.

[8] 张克农,段军政.《数字电子技术基础》学习指导与解题指南.北京:高等教育出版社,20040

[9] 阎石,王红.《数字电子技术基础(第五版)》习题解答.北京:高等教育出版社,2006.

[10]   潘松,黄继业.EDA 技术实用教程.北京:科学出版社,2002.